U0042145

成功開店計畫書（增訂版）

小資本也OK！從市場分析、店面經營、行銷規劃，你要做的是這23件事

作者：關登元

完全實戰的寶貴開店創業經驗

推薦人：iFit 愛瘦身共同創辦人謝銘元

「iFit 愛瘦身」在純網路電商經營 3 年時，為了提供消費者更好的服務開了第一家門市，並在隔年也就是 2016 年在全台開了 15 家門市。在密集展店的過程中，我和小關進行了非常多的交流，從選點、商圈經營、網路行銷、門市行銷以及如何進行 O2O，讓我獲益良多。

這些寶貴的經驗在本書中，小關都毫無保留的呈現。想開店的朋友，只要有做好這些書中所說的方法，相信已經可以立於不敗地。

本書最令我敬佩的是，全部都是實戰經驗，是小關創業十年經驗累積出來的教戰手冊，而且沒有空泛的理論，並提供實際的表格讓你照表操課，從商業機會的探索、產品需求與定價、資金財務管理、網路和門市的數據化營運等。

除此之外，本書更是少數（甚至是唯一）融入網路行銷與 O2O 的餐飲開店書籍。透過 FB 廣告可以讓你用小資金吸引精準新客戶前來消費，並用 Line@ 生活圈經營老客戶。

在「新零售」時代網路行銷（或電商）和門市經營早已密不可分，唯有同時兼顧，才能在競爭激烈、變化速度快的市場，佔有一席之地，本書將是最好的幫手。

創業之路除了信念，還需知識堅持

推薦人：新創事業經營與策略發展顧問陳承廷

2014 年本書作者關登元先生出版了《尋找素食連鎖的 300 壯士》，那是他寫的第一本微型創業的書，那時他非常熱誠地邀我寫一篇推薦序，鑑於當時我輔導過他的團隊將近兩年期間，觀察到他的創業初衷的傻勁熱情，如同許多初創業者的率然投入，就答應而寫了一篇序文「雖單純也感性的進來，卻是走在一趟深邃的信念旅程」。

很高興，經歷了兩年後的他，有了更多的實務體驗，也提出了更深一層的思考。從微型創業的創意點子緣起，到經營的定位思考，與各項必要性的行銷工具的運用，的確是能夠提供給微型創業者一個很好的學習經驗。

本書內容涵蓋面甚廣，從開店前的評估，到經營面的效益管理，與最新的社群行銷平台的導入，我們可以體會到作者對於如何提高營運績效的努力著墨甚多，這也是處於微型創業者很重點的一項管理機制；也因此創造了 16 家連鎖素食店的成績，並透過各種創業平台傳達出他的創業理念。

微型創業者習於鼓勵自己「活著的很重要」的信念，如何讓自己的新創事業賺錢，不是件容易的事，通常在體驗上，我會告訴創業者想方設法在 18 個月後達到損益平衡，這不單只是能偶而獲利就好，而是要能利用這段期間實驗出一個可以把消費者角色成為黏著度較高的顧客地位的互動模式實作，找出一個可以成為持續獲利的可管理的營運模型。

從我職涯數十年工作中，除了前半部的 50% 時間擔任統一企業的

行銷廣告工作外，其他將近 20 年的時間都在中小企業演繹著總經理的經營者責任，這是一項可以藉由從創業者角度對於內部能力與外部環境分析後做出最佳決策的訓練，而這一層經驗也在後期進行創業者與經營輔導顧問上得以運用的熟稔。決策是一項多層次關係思維與布局的嚴肅工作，尤其微型創業者更應該注意幾個決策性的思維：

1. 微品牌，需要思考的是讓顧客容易發現你，也讓顧客容易選擇你。這看似容易，卻也跟你的經營概念的定位有關係，不需要落入崇高而模糊的大品牌建立深植人心的長期形象策略概念上去，微創品牌的整體直觀化是重要的思考。

2. 消費群的利基 (niche) 定位，越能細分化越能掌握深層顧客的原則；對於資金不充足與初期競爭條件均弱勢的微型企業，無論創造的商品類型與品項都需要精準的對應在你的真實顧客上面才能創造重覆性購買的需求，這也是讓自己活著的一項策略思考。

3. 站在顧客立場思考是永遠不變的法則，顧客的消費行為是變化的，所以是否能掌握較大消費變數的能力，就是創業者的你能贏多少的契機，反之，也就是失敗程度的高低了。

4. 數字管理是不容懷疑或忽略的營運管理能力，我們需要的是獲利的數字管理而不是營收的數字高低而已。

5. 產業的變化會影響市場消費機會的趨勢走向，知彼才能知己，否則只是打一場爛仗而已。

本書作者提出的 20 項營運實務管理方法，很適合一個微小型企業（尤其餐飲店），這是一本在進入創業階段的開店前後，可以多看多聞多學習的經驗實務觀點的書。我以一位中小型企業經營顧問的經驗思維推薦此書！

最少資源做最好規劃

圭話行銷創辦人何佳勳

創業常常都是從產品好用開始，作者在書中引用「我媽媽做的東西很好吃，一定可以大賣」這句話，其實這是很多人創業的起始，作者從這句話開始引申到創業所需要注意的事情，從市場定位、跟別人有何不同、要賣給誰、賣多少錢等等都有給予具體建議的作法，讓你可以跟著作者的建議一步步做好市場的分析與規劃。

書中文字非常淺顯易懂，一步步導引並給予思考與做法，讓你不會不知道現在該做什麼，從想法開始到青創貸款與開店，最後行銷方法，這本書一次給你滿足，不打高空，從作者的十年創業心路歷程走來，用最少資源教你一步步做最好的規劃，這本書非常適合想創業或是剛創業的朋友一讀再讀！

就像請了教練陪你創業

筆記女王 Ada

很開心收到小關的邀約，為他的第二本書寫推薦序。

在小關的第一本書《尋找素食界的 500 壯士》推薦序中我寫到：我幾乎可說是看著得來素成長的人。當年小關和昆蟲兩人開著車賣早餐時，我還想著：這兩個年輕人怎麼不回學校多唸點書再出來工作啊？就這樣出來工作，太可惜了。沒想到他們在短短幾年中，創業及經營管理該有的知識，早已懂得比一個大學畢業生還要多，甚至跟上時代的腳步，在大學裡學不到的網路行銷，他們也都熟悉，並且在事業上應用得淋漓盡至。我當年真不該看輕這

兩個年輕人。

很多年輕人嘴上說要創業，其實只是做個小生意而已，每天賺個溫飽就心滿意足了。但小關的志向很遠大，不只想開早餐店，更想要服務素食者，改變台灣素食環境，所有能讓得來素穩定成長的方法，他都去嘗試。以致於小關擁有別人所沒有的經驗，也有足夠的能力來幫助想創業的朋友。

幾年前看到小關在 FB 的 PO 文，有家合作的廠商跳票了，可能會牽連到得來素，沒想到小關竟然沒有生氣也沒有慌張，反而穩穩的說：這種情況在商場上難免會碰到，還好公司制度建全，還可以應付得來。聽到小關這樣說的我，頓時覺得眼前這位小關，是當年開著餐車賣早餐的小關嗎？他成熟的想法和穩重態度，已經是企業總裁的樣子了。

小關在事業有成之後也回饋社會，將他的創業經驗無私地分享給想創業的年輕人，小關把他這幾年來經營得來素蔬食早餐店的心得全寫成了此書，舉凡創業所想到的：我要賣什麼產品、如何決定市場、如何申請創業貸款、如何作網路行銷…等等，小關全在這本書中詳細說明，讓想創業的人減少摸索的時間，也減少因不熟悉而產生的恐懼，讀了這本書就好像請了位教練在旁陪著你創業一般。

想創業的朋友，我極力推薦小關的這本《成功開店計劃書》，內容淺顯易懂，不只按步就班地教您如何創業，也寫了很多小關在創業過程中曾碰到的困難，以及如何克服的方法。真的是一本創業寶典，極力推薦給您！

作者自序

回想起創業這段過程，回頭看也已經走了 10 年，過程有許多的體悟與感觸。

這本書寫給微小型創業者看，一直算是我寫作的一個目的，因為自己是從微小的一個餐車開始做，知道這一路有太多的事情要學，但有時候很多朋友學習又非常散亂沒有邏輯性，所以就將這一路所學，加上自己從餐車到連鎖事業的一些經歷整理成這本書，做為一個系統性學習的參考，讓微小型創業者能夠有個依循與思考步驟，讓創業這條路能夠更佳的順遂，這是撰寫這本書的初衷，也是一直以來寫作的初衷。

自己也很開心這本書的誕生，因為透過編輯的引導，一步步把這十年來的知識與實務經驗彙整出來，這是一本連我自己都會興奮的作品，把「學問」與「實務」做一個整合輸出，也算是個挑戰。

期許藉由這本書跟更多的微型創業者，或者已經在創業路上的讀者結緣，讓我們一起在這艱難地創業道路上互相支持與打氣，真正去實現心中的大業，讓微型創業也有機會成氣候，變身為企業，我們互相共勉之。

作者介紹
本名：關登元（小關）
得來素蔬食連鎖共同創辦人
經歷：學歷只有高職畢業，畢業後去當職業軍人存了人生第一桶金後退伍開始創業，
　　　透過創業不斷的學習，從一臺小餐車開始創業到現在的連鎖企業。
著作：《尋找素食連鎖業的 300 壯士》、《成功開店計畫書：小資本也 OK！從市
　　　場分析、店面經營、行銷規劃，你要做的是這 20 件事》
粉絲團：得來素蔬食連鎖
官方網站：www.dlsveg.com

目錄

開店首部曲：我想創業，如何開始？

〈1-1〉 我有一個好點子，如何判斷他能創業？ 12

〈1-2〉 我應該投入大眾市場還是差異市場？ 18

〈1-3〉 我媽媽做的東西很好吃，一定可以大賣？ 26

〈1-4〉 我想開一間店，要準備多少錢？ 40

開店二部曲：創業起步，如何謀劃？

〈2-1〉 開店前如何評估會不會賠錢？ 58

〈2-2〉 開店前如何計算會不會賺錢？ 66

〈2-3〉 我的東西要賣多少錢才好？ 80

〈2-4〉 怎麼選擇好店面要開在哪裡？ 90

〈2-5〉 開店後應該如何做開幕促銷？ 102

〈2-6〉 用發傳單開發新客戶有效果嗎？ 108

〈2-7〉 如何經營一家店的老顧客與口碑？ 118

〈2-8〉 如何規劃開店前的營業策略？ 132

Content

開店三部曲：創業之後，如何經營？

〈3-1〉 開店後經營的最緊急任務？ 146

〈3-2〉 要如何製作店內的財務報表？ 158

〈3-3〉 開店之後，我該怎麼做行銷？ 174

〈3-4〉 我該怎麼幫店操作社群行銷？ 186

〈3-5〉 如何克服創業過程遇到的各種考驗？ 200

開店四部曲：利用電商，拓展營收

〈4-1〉 外送市場的崛起，該如何抉擇是否要加入？ 216

〈4-2〉 Google 在地商家的申請與應用 226

〈4-3〉 餐飲業如何切入電商市場？商品設計與成本結構 ... 232

〈4-4〉 電商如何收單，與網站建置該注意的事 242

〈4-5〉 經營電商如何導入流量？經營會員？ 254

〈4-6〉 如何利用數據指標來優化電商流程 272

開店首部曲

我想創業，如何開始？

我想開間自己的店！這是許多年輕人、創業者的起心動念，但想
創業要不代表一定會成功創意，我們如何在微型創業的最初起
步，就規劃出有效的點子、評估好市場，準備好我們需要的資金
呢？在開店首部曲裡，我將根據自己多年實戰經驗，分享第一線
的方法與心得。

我有一個好點子，
如何判斷他能創業？

創業的起心動念如何開始？當我有一個想要創業的點子時，如何判斷他是可行的？第一堂課，讓我們嘗試解答這個問題。

這幾年，因為薪資的停滯，人口老化導致年輕人的社會壓力漸增，致使許多年輕人紛紛的選擇投入了「創業」這件事中。

創業項目非常的廣泛，在茫茫市場當中我們該怎麼去選擇一個「項目」來投入？這是需要嚴謹評估與盤點自身資源與能力的。

這幾年，因為我自己也是在創業這條路上奮鬥，從 2007 年以一臺餐車投入創業至今，漸漸地發展成連鎖餐飲店體系，這過程中的體悟與感觸，讓我想要寫這本書，來跟想要創業的朋友分享我的實戰經驗，與多年累積的想法，也希望透過這本書協助想要創業的朋友，提供一些想法或者方向可以參考。

創業，從哪裡開始？

創業，通常有兩種狀況，一種是想要實現人生夢想，讓自己人生能夠因創業而充實的夢想派。

另一種則是因為環境或者生活所需，或者說逼迫，而想要靠創業一博來翻轉人生或過更好的生活。

這兩種動機，無論是哪一種，從我自己在創業這條路上努力的心得來看，這些「動機」都是一種「初衷」，必須謹記在心，透過記住這樣的出發點來做為創業的動力，開啟創業之路的首章。

記得我們當初規劃要創業，是 2007 年那年，我與夥伴正好要從軍中退伍，我們是國中同學，因為過去無論讀書或者考職業軍人時，都陰錯陽差沒辦法順利的一起共事，所以讓我們一直有想要一起共事的念頭，於是在要退伍那一年，我們討論是否一起「創業」，這樣就可以一起共事了，這是我們當初的創業動機。

當我們決定要一起創業後，當然也面臨了跟許多想要創業的人一樣的問題，「我該怎麼開始？」，又或者「我該做什麼？」

當時，我們想過去路邊賣臭豆腐、擺地攤、賣麵線等等，當時的我們其實沒有什麼資源，也不是餐飲科系出身，甚至沒有任何的烹飪技巧，但也因為餐飲可以用比較小的資本投入，進入門檻比較低，所以當時我們就鎖定了餐飲這個項目，只是不知道要如何著手。

如何找到創業的點子？

餐飲是許多想要創業的人的選擇，原因我想很多人都跟我們一樣，因為門檻低，資本小較容易進入，這算是很多人選擇餐飲當創業跳板，或者是真的當一個長遠事業來做很大的原因。

那我們不是本科出身，雖說要進入餐飲，但要「賣什麼」呢？當時也好一陣子沒有頭緒，直到有一天發現爸媽們都吃素吃很久了，於是我們開始去注意「素食」這個市場，才從中發現了一些「需求」，選擇了做「素食」這個項目。

那個「需求」是什麼？

要創業前其實我自己本身也沒有吃素，甚至並不了解素食這個市場，但因為爸媽吃素吃很久了，因為這個緣故，又碰上我們想要創業，我們就開始趁當兵的每一次放假騎著摩托車去外面繞，去看看別人的素食怎麼做。

當我們這樣騎著摩托車去外面繞找素食餐廳時發現了幾件事：

1. 素食餐廳怎麼那麼少？

2. 素食餐廳怎麼大部份都是自助餐，要不然就是麵攤，但這些都不是我們年輕人喜歡吃的呀！就我們的飲食習慣喜歡一些「速食」，或者較「西式」的東西，這些在一般餐飲很常見到的產品，（當年）素食領域都沒有。

3. 居然沒什麼「素食早餐」！

就因為這些發現，讓我們看到了市場的「缺口」與「需求」，然後開始想，或許這個部分可以是我們的切入點，於是我們便正式開始進行一連串的創業討論與計劃。

『

　創業的點子，來自於你發現的市場缺口與需求。

』

如何判斷「點子」有沒有創業機會？

有了創業的動機，有了創業的點子，就代表這個點子真的可以做嗎？當然不是，即使是微型創業，也是要投入一定資金和人力的事業，而想創業的人大多想要翻轉人生，因此更應該謹慎研究，確認點子是否可行。

1. 從一個簡單的點子開始

首先我認為必須從一個簡單的點子發想，然後去尋找市場脈絡，找到「需求」與「市場缺口」。

2. 從身邊的問題開始

最好的方式就是從自身的需求，或者是身邊朋友的「問題」與「需求」去發想，因為這是自己相對熟悉，或者容易詢問到熟悉的人的方向。

3. 確認有相同需求的人多嗎？

然後接著開始去尋找「有相同問題的人」多不多，可以做一些問卷調查去路邊隨機做問卷，找陌生人較好。又或者可以去一些社群論壇、朋友間先詢問他們的一些想法參考，最主要是要先「確認需求」這件事。

還有一個方法是去找一些數據來支持自己的點子或者論點，透過這些資料收集，會讓自己更明確的知道「市場」在哪邊，該怎麼思考與規劃。

例如：找一些研究數據調查「吃素」的人口與動機還有歷史。

「評估點子可行性」

試試看，用前面教的三個步驟，評估你的創業點子，然後把你的答案填寫在下面。

1. 你的點子是什麼？

回答：＿＿＿＿＿＿＿＿＿＿＿＿＿＿＿＿＿＿＿＿＿

2. 你身邊有人有相同的需求嗎？

回答：＿＿＿＿＿＿＿＿＿＿＿＿＿＿＿＿＿＿＿＿＿

3. 你調查與評估後這個需求市場有多大？

回答：＿＿＿＿＿＿＿＿＿＿＿＿＿＿＿＿＿＿＿＿＿

我的解答範例：

像我們在創業過程當中就做過一些研究，台灣的素食人口大約 10% 左右，而且吃素的人不太有可能再改變習慣去吃葷，所以市場原則上最少有 10% 的素食人口，然後隨著許多宗教傳達或者是社會環保議題、健康議題的產生，趨勢是向上的。

微型創業，
就是在大眾市場找差異需求

**我的點子可以在市場生存嗎？我應該如何評估市場、選擇市場？
這堂課要教大家如何切割你的市場並找出差異點的方法。**

微型創業選擇已經有市場的點子

在我們一開始準備創業時，早餐是大眾市場，而我們想做的點子
「素食早餐」小眾市場，這時候我們要如何判斷這個點子可行呢？

台灣非素食的早餐市場如果以早餐外食人口 70% 來算，那 2300 萬
人口 *70% ＝ 1610 萬的早餐外食人口，如果平均一個人早餐消費
為 50 元，那一天市場就會有約 8 億的市場額，一年有將近 3 千億
的市場份額。

如果素食有 10%，那也有 300 億的市場份額。

而且相對於非素食早餐的競爭，素食早餐這一塊市場在我們創業當時「還沒有人做」，更不用說「連鎖」，所以當時我們就以這樣的市場預估份額當支撐我們投入的論點，去支持我們的創業點子，然後才開始繼續更深入的規劃。

『

「市場」是存在的，不需要被另外教育或者創造，
這一點對於微型創業者來說非常重要。

』

對於「小本」的微型創業者來說，選擇「已經形成的市場」這個觀念很重要。

因為教育市場與創造市場這種事是必須有一定的資本或者資源才有辦法做的，不要一開始就想去「改變市場」，如果我們只有「小資本」，我們就必須先瞭解自己的資源與能力，先選擇一塊可以讓自己可以存活的市場去耕耘，慢慢的有能力了再去做較艱難的事，這個順序很重要。

微型創業更要從大眾市場做出差異化

只要在「大眾」市場中創業就會成功嗎？這答案當然是否定的，如果這樣大部分的人就都成功了，大眾市場只是確認有這樣的「市場需求」，但如何在這大眾市場中分一杯羹，就要看我們的能力

19

與努力了。

所以從「大眾」市場中再做「市場分割」，去找出大眾市場中的「更細微需求」，做出「差異化」，這一點非常的重要。

以我們的創業過程為例，早上大家都要外食，原因是因為現代人生活節奏變得較快，沒辦法早起煮早餐，所以大部份早餐都選擇外食居多，但這些「外食族」的「需求」不會都一樣，例如我們切入的是「素食」，就是因為這70％的外食族中一定有人是「素食者」。

而且在我創業的2007年的時候還沒什麼人做，所以其實是「有需求」但是沒有「供給」的。

又例如：大部分的早餐店都用烤箱烤麵包，就有人看到了一定有人不喜歡吃烤箱烤的麵包，炭烤的更好吃，所以做出區隔，用「炭烤」吐司來當訴求。

也有飲料店因為覺得過去的飲料都是用濃縮果汁，一定有人喜歡新鮮水果打的果汁，所以研發了新鮮水果打的果汁飲料店而竄起。

這些都是從「大眾市場」中再切出「差異需求」，由這樣的點子做出發而切入市場，才是有效的點子。

『

切入「大眾」是確保一定有「市場」，但有「差異化」才能提升開店成功機率。

』

所以，一個好點子要如何確認是否能執行？

如果您是微小型創業者，資本不大，資源也不是很多，那我的建議會是從「大眾市場」中開始尋找機會點，然後先分析出一些「差異需求」。

並且最好是從自己日常會遇到的問題或者需求去出發，會更知道怎麼跟市場做溝通，從這樣的角度再去找一些市場數據做為依據來思考跟規劃自己的創業路，這樣至少心裡面會比較知道「為何而戰」。

這「為何而戰」就會成為我們跟市場溝通的核心，也是我們後續在規劃一間店或者一個品牌時的一個核心思考重點。

如何切割與定位市場？越小越容易吃

這邊舉我們自己的事業體當例子，這一路我們如何去分析機會點與切割市場。

當初因為父母親吃素的關係，在我們創業時引發了我們往素食市場這個方向去思考，當時發現市場上的素食大部份都是麵攤類或者自助餐，較少我們年輕人喜歡吃的西式餐點，尤其是西式素食早餐幾乎是沒有。

而且當時就已經常常看到的連鎖早餐店，在當時的狀況下連一間素食西式早餐店都沒有更別說連鎖，所以引發了我們想要朝這個

方向去努力，也相信這會是一個藍海。

我們思考，台灣其實有 10％的吃素人口，早餐算是外食比例最高的，以台灣的生活形態，早上要自己做早餐的機率並不高，就算是素食者也一樣，所以覺得一定有這樣的「需求」，便開始去研究這個市場。

我們看到了幾個問題點：

1. 吃素真的太不方便了。

如果我們可以在各地都提供素食，那就可以讓素食更方便，所以「方便」是素食者的一大問題，解決這樣的問題就變成我們的「機會」，所以我們選擇用「連鎖」來解決這樣的問題。

這邊可以用這樣的填空問句來幫助自己看市場：

『

我看見了＿＿＿＿＿＿＿＿＿＿的問題，所以解決
＿＿＿＿＿＿＿＿＿＿的問題就變成了我的機會，
所以我用＿＿＿＿＿＿＿＿＿＿的方法來解決這樣
的問題。

』

2. 素食沒有西式早餐。

從素食市場中切割，從早午晚餐的業態當中去找到一個投入點。

因為當時的麵攤跟素食自助餐都是屬於午晚餐類型，所以「素食早餐」較少人做，因為看到這樣的點所以我們選擇投入「素食早餐」。

3. 素食沒有加盟體系。

沒有單店的誕生當然也就沒有加盟體系，所以當時我們就立定計畫要做加盟體系，所以一路上的規劃就是用「加盟連鎖」的方式做規劃。

4. 素食者找餐飲工作不好找

這是後來我們開始創業後發現的問題，許多員工都是因為吃素，不想從事非素食的餐飲工作而來到我們店裡工作，所以慢慢的也覺得我們的創業解決了某些社會問題，讓吃素的人素食餐飲工作可以做。

5. 品牌化，就是找到精確定位

即使我們一開始是微型創業，但我們希望能夠更現代化與品牌化，這樣才能讓更多的人接受我們的素食早餐。那麼要怎麼品牌化呢？

因為台灣吃素的原因有很多，過去的素食是以宗教訴求為主，以宗教的訴求大部份是不吃植物五辛。還有一部分的訴求是以不傷害動物為主的純素訴求，以及另一個區塊是「蛋素」與「奶素」。

把素食的 10％ 再切割，純素約 3％，蛋奶素約 7％，因為早餐定位的需求，蛋奶的需求量還是很大，所以當時就選擇了以「蛋奶素」做為我們的定位。

繼續切割，我們也發現吃素會因為一些時期的不同而有一些習性的演化，例如吃素吃的較久的吃素者會漸漸不太使用加工品，但有一些剛開始練習吃素的人則需要一些仿葷加工品的協助轉化，也因為西式早餐的定位需要做一些漢堡三明治，所以定位也較屬於定位在「吃素啟發期」與「練習期」這個定位點上。

所以從以上的市場分析，然後去找到我們的市場定位，把我們原本的點子透過一些研究與分析的方式找到一個適合我們投入的點，這樣一來就可以把「點子」化為實際的行動了！

背後的研究與分析是支持自己在執行上面的信心，實際創業當然還是會遇到許多困難，但因為做過分析會更清楚自己為何這樣選擇，較容易從這些問題點當中看到機會，然後從機會中找到創業成功要素進而真的達到創業成功的過程。

經過 1-1 與 1-2 這兩堂課的分析，我們的創業點子就不再只是單純的點子，而是一個可以開始準備接受市場考驗的執行點子了。

『

我的創業模式跟別人有什麼不一樣？

別人都用＿＿＿＿＿＿＿＿＿＿＿（什麼方式）做，

我跟他不一樣的地方是＿＿＿＿＿＿＿＿＿＿＿。

』

我媽媽做的東西很好吃，
一定可以大賣？

我有好的產品，我可以做出好的產品，就表示開店創業一定會成功嗎？絕對不是，甚至可以說這是最危險的創業想法，因為擁有好產品還不夠，我們還要懂得幫好產品規劃正確的市場定位。

在經過了多年創業的歷練後，現在不免有一些剛剛開始想要創業的朋友會來詢問我的意見，想聽聽我的經驗與角度，協助他們評估創業的點子是否可行。

通常我評估他們的點子時，會問他們：「為什麼想要做這個主題？」有好幾次我都聽到這樣的答案：

「這是我媽媽做的，因為我媽媽做的東西很好吃，我覺得可以大賣」。

產品好，只是創業必要條件而已

通常尚未進入創業領域的朋友會以「產品」為出發點，覺得產品好吃就一定賣得出去，但真的是這樣嗎？

以產品面來說，好吃是一個很重要的關鍵因素沒有錯，但並非自己認為好吃就一定賣得出去。只是我們通常會倒果為因，我們去觀察生意很好的店家，最直覺的反應就是他們的產品很好吃，就有既定印象「好像」好吃就一定可以賣得很好。

『
產品的好，其實只是一個必要因素而已，但不代表好東西就一定賣得出去。
』

所以單純的只有「好吃」，然後就覺得可以大賣，沒有規劃與策略的就去創業，風險性真的很高，因為創業並沒有想像中那麼的單純。

準備不足，讓好產品也難賣

前面我們有提到，如果以微小型創業者要進入市場創業的角度來看，盡量選擇「大眾」市場，從大眾市場中去做出「市場區隔」，較白話來說就是做出不一樣的特色：「差異化」，然後去告訴你

的顧客自己的東西有哪些不一樣，以這樣「差異化」去做「市場訴求」是較好的切入點。

因為對於剛剛開始創業的人來說，我們剛開始進入市場時就是很微小的狀態，微小型創業最顯見的問題是：「準備不足」。

1. 資金不足：

沒有足夠資金去完善環境（裝潢），沒有足夠資金做過多的行銷規劃或曝光，只能用很有限的資金去運作生意，所以必須要找一個可以快速週轉的模式是較好的。

2. 經驗不足：

因為經驗的不足所以很多時候資金是沒辦法妥善運用的，也就是我們常開玩笑說的「燒錢」。

因為經驗不足會犯很多的錯誤，這是創業過程必經的道路，因為我們在職場有時就只是專精於一個領域，但創業屬於要跨很多領域學習的事，一定會有自己本來不懂但因為創業而必須要學習的地方，有時就是必須要花一點學習成本在上面。

所以如果是還沒有創業的朋友，在職場上能夠多學一點技能一定要多學，不要認為多做沒有多薪酬，如果真的想要創業，那就利用在職場的生活開始學習創業所需要的技能，補足經驗上面的不

足，然後覺得真的較有把握時再開始投入，這樣的風險會比較低一點。

3. 資源的不足：

除了經驗不足以外，因為要投入的面向是全面的，例如：產品製作、供應商的找尋、專業的協助、通路管道等等，這些資源也很難說在投入創業時就能夠很全面的累積起來，所以都是要花一點時間去找資源，這當中就又有時間的浪費。

一樣的，能在工作職場就把創業所需要的資源累積起來是較好的，所以在職場上的人際關係、供應商關係就變得很重要，因為這些都有可能在創業之後變得非常的重要。

先找到會買你媽媽做的產品的消費者

在所有條件都很艱鉅的狀況下，要　動創業這件事本身就不容易，但也不用想的太過於複雜，想想許多人不也是在市場、路邊攤起家，慢慢學習而成就一番事業的嗎？

身為這本書的作者，我們自身也是從一個餐車開始學起，慢慢的學習然後累積經驗與知識，從微小型創業到慢慢建立成企業，一步步的去累積起來。

如果一開始你的出發點是因為媽媽做的產品很好吃，想要以這樣

的方式出發，不是不行，而是還有幾個部分要思考：

1. 媽媽做的產品除了「好吃」之外，還有什麼特點是跟市場上賣的不一樣

例如：媽媽煮的麵線很好吃，外面用的麵線可能都是「機器」做的麵線，但媽媽很堅持每次都一定要用「手工」做的麵線，所以外面的麵線吃起來硬硬的，口感並不順口，媽媽做的麵線因為選用手工麵線，所以吃起來特別的順口。

再來，外面賣的麵線湯頭有可能都是用高湯粉去熬制，但媽媽煮的麵線是精選香菇、蘿蔔、8 種中藥材經過 4 小時的高湯熬制再去煮成麵線，所以吃起來感覺自然順口，不會有高湯粉的那種死鹹味。

這些就會是我們所謂的「產品訴求」，我們必須要知道媽媽的產品到底跟市場有哪些的不一樣：

『

　給消費者「一個一定要買的理由」。

　　　　　　　　　　　　　　　　　　　　　』

然後利用這個理由去跟消費者做溝通，把他應用在菜單上，店面設計上，行銷宣傳上，讓能接觸到店面的人都能夠清楚的知道產品的訴求，透過大量的訴求曝光讓更多人知道並且成為你的顧客。

2. 媽媽的麵線到底要賣給誰？

媽媽的麵線很好吃，你有想過要賣給誰嗎？又或者誰會買單？

如果我們從產品面出發，那就要去思考：

> 『
>
> ## 這樣的產品到底「誰」會買單，這個「誰」到底長什麼樣子？有什麼樣的「習慣」？他為什麼會買單？
>
> 』

舉幾個例子：

a. 我家附近是住宅區，大概 5 點左右會有許多小朋友放學，小朋友放學容易肚子餓，所以會有一些媽媽會買麵線當點心給小朋友吃。

這時候就有幾個關鍵點「媽媽」、「五點」、「點心」、「住宅區」。

所以我就可能鎖定的是下午「五點」左右的「媽媽」買「點心」回家給小朋友吃。

b. 早上 8 點上班的時候趕時間要買早餐，麵線不用等待馬上裝碗就可以帶走，所以早上「8 點」賣給「趕時間」的上班族。

這就是如果從產好品出發，還要繼續往下思考的問題，先是你的產品到底有哪些「訴求」，這個訴求是幫助顧客能夠馬上了解我

們的「差異化」，給自己一個買產品的理由。

然後要找到產品到底要「賣給誰」，去把顧客的輪廓給描述出來，其實把顧客輪廓描述出來有一個很重要的原因是：如果日後你在做品牌行銷或者產品行銷時，你會很清楚的有一個畫面：在「對誰講話」。

因為顧客輪廓越清楚你越知道要怎麼跟他對話，就猶如今天如果我看到一個 65 歲的婆婆，我可能會講台語，然後聊他們的話題或者推薦他們較容易接受的產品。如果今天是對一個 25 歲的年輕人我可能會跟他聊寶可夢。

所以顧客輪廓越清楚會用容易幫助自己做定位，知道要怎麼做市場溝通，這就是行銷的一環。

媽媽的麵線要賣多少錢？

當產品決定了，剛剛也探討過要賣給誰（客群定位），接下來我們要決定要賣多少錢這件事。

產品要賣多少錢要考慮到的因素非常多，舉幾個例子：

1. 產品本身的成本結構：

如果以餐飲的毛利通常落在 50%~70％來計算，成本假設是 10 元，

那定價就有可能從 20 元 ~33 元，這是直接用成本定價法。

2. 產品的價值性：

要賣 20 元或 33 元？這要看你對於產品本身的呈現是否有辦法將他呈現出高價質感，也就是說如果你賣的是早午餐，那有擺盤跟沒擺盤，擺的好不好看，食材的顏色搭配，擺設手法，這些都會影響到視覺評估，視覺也會影響到整個餐的價值性。

有的人很會擺盤，可以把 10 元的成本擺的有 30 元的價值。有的人不會擺盤，那可能賣 20 元客人都覺得不值得。所以除了成本以外，對於產品呈現的方式也憂關了是否有辦法做高定價的要素。

3.「會不會賺錢」的計算：

記得剛開始創業沒有概念，定價其實就是去看別人賣多少，差不多的產品就跟別人賣差不多的價格，我想這也是許多人創業會做的事情。但是別人賣多少，他怎麼計算出來的？為什麼他賣那價格會賺錢而我做卻賠錢？

後來我發現一個原因，他賣的價錢雖然低，但是簡單操作，所以不需要很多人操作，雖然毛利較低，但人事費用也較低。

而我做的看起來雖然差不多，但是我的做工較複雜，需要較多人力製作，如果以跟對方一樣的成本來說，他的工比較少相對費用

較低，所以他毛利低一點沒關係，但我的做工複雜，用低毛利根本就不會賺錢，所以這就成為了對方賺錢而我沒有賺錢的一個差異點所在。

媽媽麵線的競爭者如何定價與定位？

如果今天我決定要用媽媽煮的麵線做創業，那我必須要去調查一下市面上賣類似商品的競爭者有多少，這些競爭者分別有哪些優勢與劣勢，然後去思考我們要切入哪一個區間帶，用怎樣的定價策略來與對方做競爭。

例如：調查了市面上兩間較有名的麵線糊，一個是老王的麵線，一個是小林的麵線，然後做以下分析：

◇小林的麵線：

◇小林觀察：路邊攤，衛生條件較差，屬於較低價，一碗 30 元，外帶為主，做法較隨性。

◇小林優勢：價格較低

◇小林劣勢：太過隨性，衛生條件也不好。

◇老王的麵線：

◇老王觀察：有店面，但是沒有裝潢，沒有冷氣，傳統的麵攤，
料比小林多，內用外帶都有，做法比較講究一點。

◇老王優勢：有店面可以遮風避雨，跳脫路邊攤格局，用料實
在，在地經營久。

◇老王劣勢：較傳統經營，人員訓練沒有標準化，沒有冷氣夏
天容易熱。

這時候如果我們選擇要切入就要跟小林和老王有點不一樣，可以
設定走比較高品質路線，單價可以稍微高一點點，然後不一定要
走單點式，可以用套餐式，內部稍微有裝潢，有一點格調與氛圍，
人員訓練較標準化，利用這樣做出市場差異化來與他們做競爭。

可以利用這樣把競爭對手在哪一個位置，分別有哪些優勢劣勢給
列出來，然後針對他們的位置與優劣勢找出我們的定位點，做出
差異化來與他們競爭。

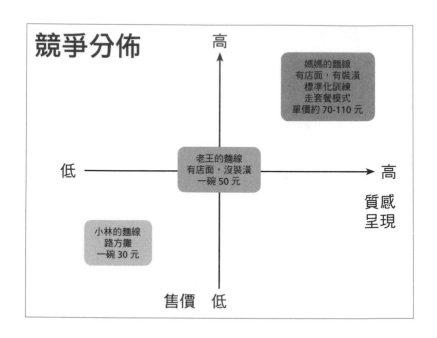

擬定媽媽麵線的「定價」策略

我想我們都聽過一句話，就是「薄利多銷」。薄利多銷其實就算是一種策略，利用低價來吸引客人，所以就算毛利低了一點，但「量」體夠大，這樣也有跟廠商採購的空間可以談，所以就會形成一種優勢。

也有人的定價就是採高毛利，然後去做價值朔造，例如提升店裡的用餐環境、服務，利用這些「附加價值」來吸引消費，但因為這些都需要費用，所以毛利就必須要取高一點才有辦法達到獲利狀態。

定價策略最好還是要用整體報表來拆解，從「來客數」與「客單價」當中去解析出單品的價格較妥，這個部分我們後面的章節會更仔細的講。

從媽媽的產品很好吃到市場定位

從媽媽的產品很好吃，一定會大賣這個說法，我們做了：

◇「產品定位」

◇「客群定位」

◇「價格定位」

這三個重要的課題，當這三個功課做完，原則上基本的「市場定位」就能有初步的輪廓出現。

但還沒有這麼容易，這只是初步的讓我們瞭解從「觀察市場」，然後做「市場分析」，找到一個好的切入點與市場區隔，然後開始做「市場定位」這個思考流程而已，因為只有當這個核心的思考出現，那後續的策略才有辦法延伸出來，本書後面會慢慢跟大家解釋。

檢驗好產品的市場定位

你現在也有一個「媽媽的麵線很好吃」這樣的點子嗎？想知道這個你覺得很棒的、擅長的事情，是不是可以拿來創業？那麼下面我提供一份自問自答表，讓你重新檢驗產品的市場定位。

給消費者一個一定要買的理由：

我的產品除了好吃之外，還有＿＿＿＿＿＿＿＿＿＿＿

（什麼地方）與別人不一樣。

描繪顧客輪廓，搞清楚要賣給誰：

我的產品要賣給（誰？）＿＿＿＿＿＿＿＿＿＿＿

他都幾點會來買？（習性）＿＿＿＿＿＿＿＿＿＿

他為什麼會來買？（消費動機）＿＿＿＿＿＿＿＿

分析市場競爭與定位：

我的競爭對手是＿＿＿＿＿＿＿＿＿＿＿＿＿＿＿＿＿＿＿＿

他的優勢是＿＿＿＿＿＿＿＿＿＿＿＿＿＿＿＿＿＿＿＿＿＿

他的劣勢是＿＿＿＿＿＿＿＿＿＿＿＿＿＿＿＿＿＿＿＿＿＿

我的優勢是＿＿＿＿＿＿＿＿＿＿＿＿＿＿＿＿＿＿＿＿＿＿

我的劣勢是＿＿＿＿＿＿＿＿＿＿＿＿＿＿＿＿＿＿＿＿＿＿

如何確定產品定價策略：

我的產品要賣多少錢？＿＿＿＿＿＿＿＿＿＿＿＿＿＿＿＿＿

為什麼要賣這個價格？＿＿＿＿＿＿＿＿＿＿＿＿＿＿＿＿＿

1-4

我想開一間店，
要準備多少錢？

**我確認點子可行有市場，那接下來應該準備多少資金，才能順利
的開店營運呢？所謂做好萬全準備，才能避免初期風險，這一課
就讓我來教大家正確的估算創業準備金的方法。**

創業的資金很多時候會是卡住創業者的門檻，這是很現實的問題。

當初我們的創業是兩個合夥人，靠著當職業軍人 3 年半的時間，
各存到第一桶金，各 100 萬，也就是總共 200 萬的資金做為我們
的資金後盾，但我們並沒有貿然的將 200 萬一次投入創業當中，
因為我們知道自己沒有經驗，也不懂，如果貿然的將 200 萬一次
投入，我想我們很快就會以失敗收場然後放棄了。

「風險管理」是我認為創業前最需要評估的一件事。

我較提倡先在職場累積一點經驗與實力後，再思考投入創業，創業也不要一開始就太理想化，以我們的經驗最好的方式還是先「做中學、學中做」，慢慢的累積實力，然後才加大投資去改善問題。

所以，剛開始要創業一定要先做資金規劃，透過資金規劃可以先瞭解哪些事情是現階段一定要做，哪些事情可以放置日後再進行。

如何計算創業資金中的「週轉金」？

我們先把創業資金面分成兩個區塊：「週轉金」與「硬體設備投資」。

先談談週轉金，週轉金要規劃的部分如下：

1. 每個月自己的開銷支出。

投入創業意味著本來穩定的工作收入沒有了，但自己一定有基本開銷，如果有家庭開銷會更大。

創業一開始會有規劃期與執行期，規劃期有可能可以利用還在工作時慢慢的規劃起末，但是執行期有可能就是已經是沒有工作狀態，開始全心投入創業領域的時候。

例如：學習專業技能需要一個月的時間，那這個月是沒有薪資的，就要一個月的基本開銷。

如果裝潢期又需要一個月，那這一個月也需要基本開銷，這些都要預估進去。甚至剛開始創業的時候客源不穩定，尚在開發客源期，那在損益兩平前的開銷也要算進去。

所以一開始一定要先了解自己一個月到底需要多少開銷，將自己的開銷先列入費用中去計算需要多少週轉金。

2. 開店的基本開銷：

開店的基本開銷包含以下（我們用一間早餐店的基本開銷做案例）

　　a. 租金 25000 元

　　b. 電費 6000 元 ~10000 元 (平均用電與夏日用電)

　　c. 水費 500 元

　　d. 瓦斯費 4000 元

　　e. 人員薪資

　　　　自己的開銷算入人事薪資中，預設 30000 元

　　　　僱用一名正職員工 25000 元

　　　　僱用一名兼職員工 12000 元

　　　　人事薪資約 67000 元

　　f. 雜支 5000 元

整理成表格如下：

a. 租金	25000
b. 電費	10000
c. 水費	500
d. 瓦斯費	4000
e. 人員薪資	67000
f. 雜支	5000
	111500

也就是說一個月店面基本的開銷需要 111500 元。

實際經營狀況，未必每個月都會是負 11 萬的現金流，因為營業收入可以支付一些營業支出，這要看營業狀況的損益，來評估週轉金的使用狀況。以上述的預估，準備 30 萬的週轉金是較保險的。

但要投入創業一定要有預留週轉金的概念，不能把現有資金一次性的投入硬體設備投資中，最後沒有資金可以運轉，導致營運上的問題。

容易被創業者忽略的週轉金準備

這個部分必須要先有一個概念，因為許多人創業並沒有把週轉金算進去，然後將大部分的資金投入硬體設備投資中，最後開始營運之後，就會發現週轉金不足而無法經營下去的窘境。

『

一般來說週轉金最好能準備6個月，但以現在大部份人的資金取得狀況，很難準備齊6個月的週轉金，但最少也要預留2~3個月來應付週轉會較好。

』

我應該請設計師來設計店面嗎？

一般要開店，規劃店面的硬體投資，大概有兩種方式：

1. 請設計師設計，讓專業協助我們規劃，委託設計師發包：

請設計師設計一般來說就是需要一筆設計費用，設計費用通常是以坪數計算，所以要預估一筆設計費用。

例如：設計師設計一坪 5000 元，今天如果找了一間 20 坪的店面，那設計費用就要抓 10 萬元。這部分每個設計師的行情不太一樣，從 3000 元到 10000 元甚至更高都有可能，所以要先問清楚設計師的設計費用怎麼算，再評估是否要請設計師設計。

另外，要在詢問設計師除了設計費用外是否還有其他費用，例如：監工費用或者其他延伸費用，這部分要先談清楚，最好是能夠立合約將費用包括的項目都明細列出來較不會發生爭議。

2. 自行規劃設計，然後自己找工班來施工：

如果資金預算比較沒有那麼充足，像我們剛開始創業的前幾家店並沒有找設計師。

第一間店的時候剛好有朋友的早餐店要收掉，我們去將他的器具購買下來，然後簡單的請木工師傅與水電師父來施工，這樣也是一種節省開辦費用的方式，但這樣的方式就較沒有辦法獲得像設計師這樣專業的協助，也較克難，必須要多收集一些資料再進行，比較能將問題降低。

如何計算開店必要的硬體投資費用？

一般來說要開辦 間店會有以下費用：

1. 店面拆除費用：

通常我們在找店面都盡量找乾淨的店面，也就是比較不需要拆除的，尤其如果資金比較不足的微型創業者，在尋找店面時要盡可能的找乾淨的店面，這樣費用較能夠降低。

如果找了個需要拆除費用的店面，那請工班拆除，還有清運垃圾，可能又要花個幾萬塊錢，對於資金不足的微型創業者不免也是一項開銷。

這部分如果找到要拆除的，不妨先詢問一下工程師父，請他們預估一下該如何處理，一般木工師父或者有負責工程的師父都會認識拆除的工班，又或者木工師父會自行拆除在請人清運。

2. 木工工程費用：

木工可以說是工程裡面佔較大部分，也是費用較高的一個工程，一般來說吧臺，外觀比較會用到木工工程。

3. 水電工程：

一些設備用電的配電費用。

4. 招牌工程

像是外部招牌與內部輸出圖或者價目表的施工。

5. 不鏽鋼工程

6. 油漆工程

7. 地板、天花板

8. 生財器具

9. 小五金

10. 行銷宣傳品

這個部分會建議先把必要使用的設備，可以「自行估價」的部分都先列出來做成一個表單，因為這些生財器具是沒有就沒辦法營業的部分，先列出這些設備跟生財器具的總費用，然後看看預算還有多少可以拿來施工使用。

較好的模式是：

『

「總資金-生財設備-週轉金」後的費用，再用來規劃施工的部分較妥。

』

記得施工也不要一次全部預估到很滿，因為工程往往都會有一些施工中發現的問題，有可能還需要一些預留費用收尾，所以假設（總資金 - 生財設備 - 週轉金）剩下 50 萬，那最好先用 40 萬規劃，預留一點金額做後續可用，這樣較保險。

『

微型創業最難的地方其實是在有限的資金下要去做最大的發揮，總有些地方不如夢想般的完美，這部分就要努力的營運去賺取報酬後在慢慢的去修正了。

』

可以利用 Excel 表將可以詢價到的部分先詢價出來，工程的部分可以先找工班做估價，盡可能的「先將估價表完成後」再動工，這樣才能確保資金的足夠使用。

以下工程為15~20坪，若超出坪數工程費另計，未含天花板與地板施作工程

項目	規格	數量	備註	項目	規格	數量	備註
木工工程(未含拆除工程)				招牌工程			
L型櫃檯	式	1		燈箱側板(中空板)	4*6尺	1	
三明治架	式	1		橫招(中空板)	4*14尺	1	
煎台檯板	式	1		價目表	55*70	3	
飲料架	式	1		價目表磁條	組	1	
				主牆大圖輸出	210*410CM	1	
				吧檯LOGO立體字	50*150CM	1	
水電工程(僅限一般明管施作，未含增窗，挖洞，泥作)				人形立牌展示架	3*5尺	1	
項目	規格	數量	備註	布條框架	2*11尺	1	
開關配電	式	1		試賣中布條	2*11尺	1	
作業台配電	式	1		水箱貼圖			
作業區供排水	式	1		掛圖		3	
四門水箱配電	220V	1		壓克力海報夾	30*160	1	
雙門冷藏水箱配電	220V	1		生財設備			
煎台排煙機配電	110V	1		項目	規格	數量	備註
工作臺層板插座配電	式	1		不鏽鋼飲料台	式	1	
燈具吊鞋安裝	台	2					
				排價工程			
油漆工程				品名規格	數量	單位	備註

加盟主設備明細 · ALL · 城市醫生 · 搖具 · 招牌工程(勝利廣告社) · 不鏽鋼工程(尚益不鏽鋼) · 鴻樺 · 金得成 · 特力屋 · 丹比 · 大賣家

木工工程

項目	規格	數量	備註	單價	金額		招牌工程	
	規格	數量	備註	單價	金額		項目	規格
L型櫃檯	尺	25		4,200	105,000		燈箱側招(中空板)	4*6尺
三明治架		1		3,800	3,800		橫招(中空板)	4*14尺
煎台檯板		1			0		價目表	55*70
精緻飲料台		1			0		價目表磁條	組
飲料架		1		2,000	2,000		主牆大圖輸出	210*410C
隔間+門		1		35,000	35,000		吧檯LOGO立體字	50*150CM
小 計					145,800		人形立牌展示架	3*5尺
							布條框架	2*11尺
							試賣中布條	2*11尺
水電工程							水箱貼圖	
項目	規格	數量	備註	單價	金額		掛圖	
開關配電	式	1					壓克力海報夾	30*160
作業台配電	式	1						
作業區供排水	式	1						
四門水箱配電	220V	1					小 計	
雙門冷藏水箱配電	220V	1						
煎台排煙機配電	110V	1						
工作臺層板配電	式	1					不鏽鋼飲料台	
燈具吊鞋安裝	台	2					項目	規格
小計					60,000		不鏽鋼飲料台	式

加盟主設備明細 · ALL · 城市醫生 · 搖具 · 招牌工程(勝利廣告社) · 不鏽鋼工程(尚益不鏽鋼) · 鴻樺 · 金得成 · 特力屋 · 丹比

如何計算物件（店面）租賃費用？

物件（店面）租賃，通常要準備「一租兩押」的準備金，也就是一個月租金與兩個月押金。

有的房東會要求 3 個月押金，這部分就要看自己的承受能力是否能夠負荷。

如果一個月租金 3 萬，那一開始就要給房東 3 萬的資金與 6 萬的押金，這樣就 9 萬塊的支出了，雖然押金有可能在解約時可拿回，但也要算入初期的開辦預備資金裡，租金越高第一筆租押金也就要支出越多。

如何計算開店前原料採購費用？

在開店營業前，當然還要先採購原料，所以要把原料採購費用先預估出來。

這些全部設想到，並且準備好資金，才算是真正做好微型創業的「準備金」。

統整表：如何計算妳的創業全部準備金？

所以要開一間店的資金規劃我們再統整一下：

1. 週轉金（最少 2~3 個月）	a. 租金
	b. 電費
	c. 水費
	d. 瓦斯費
	e. 人員薪資
	f. 雜支
2. 硬體設備投資	a. 店面拆除費用
	b. 木工工程
	c. 水電工程
	d. 招牌工程
	e. 不鏽鋼工程
	f. 油漆工程
	g. 地板、天花板
	h. 生財器具
	i. 小五金
	j. 行銷宣傳品
	k. 設計費
	l. 監工費
3. 物件（店面）租賃費用	
4. 首批原料採購費用	

開店創業的工程安排期程

如果是請設計師規劃設計，通常設計師會安排工程的進行，如果是自行發包，這邊提供一個工程安排流程給大家參考：

1. 現場丈量店面，勘查是否需要拆除，評估動線規劃與設備擺設

『

通常在店面丈量，尚未與房東簽約的這段時間，會盡量搶時間把圖畫好，跟做好一些工班的安排，因為能搶一點時間就要搶一點時間，物件租賃下去後每一天都在算租金，在開店前每天都在燒租金，所以有經驗的開店者會盡量利用這段時間把工程事宜做一些安排。

在與房東談物件租賃時一定要請房東給予「施工期」，施工期長短要看房東，有的不願意給，大部份願意給一到兩個禮拜，好一點的願意給到一個月，這部分就看房東的空間了。

』

2. 與房東簽約（支付租押金）

3. 初步規劃店面動線，裝潢，水電擺設位置，設備位置

4. 聯絡各工程工班現場場堪並報價

5. 設計師出圖

6. 安排工班進場

7. 拆除現場

『

在拆除的時候要注意要先保留「電話線」、「網路線」等線路。

』

8. 安排不鏽鋼於工廠施工

9. 木工進料與進場施做

10. 水電進場施做（進水、排水、配電）

11. 油漆工程

12. 不鏽鋼進場

13. 整理現場

14. 設備進場

15. 招牌工程施工、內部價目表施工、形象大圖張貼

16. 小五金、桌椅進場

17. 細部清潔

18. 測試設備狀況（有鍋具的部分要先養鍋或保養）

19. 原物料採購

20. 測試動線與產品試做

21. 試賣

22. 開幕

以上這些是一個開店的流程，無論是找設計師或者自行發包都可以參考這個流程去規劃與思考，好的籌備才能在開幕時順利，所以預先的規劃一定要做，也要妥善的規劃資金應用，做好風險控管，這樣才能提高創業的成功率。

實戰練習！計算你開一家店的準備金

1. 開一間店，我每個月的費用有哪些？（以下可練習填入預估數字）

每月租金＿＿＿＿＿＿＿＿＿＿＿＿＿＿＿＿＿＿＿＿＿＿

人事成本＿＿＿＿＿＿＿＿＿＿＿＿＿＿＿＿＿＿＿＿＿＿

水費＿＿＿＿＿＿＿＿＿＿＿＿＿＿＿＿＿＿＿＿＿＿＿＿

電費＿＿＿＿＿＿＿＿＿＿＿＿＿＿＿＿＿＿＿＿＿＿＿＿

瓦斯費＿＿＿＿＿＿＿＿＿＿＿＿＿＿＿＿＿＿＿＿＿＿＿

行銷費＿＿＿＿＿＿＿＿＿＿＿＿＿＿＿＿＿＿＿＿＿＿＿

雜支＿＿＿＿＿＿＿＿＿＿＿＿＿＿＿＿＿＿＿＿＿＿＿＿

2. 需要多少週轉金？

總費用＿＿＿＿＿＿＿＿＿＿＿＿ *3= ＿＿＿＿＿＿＿＿＿＿

3. 開辦費用需要多少？（以下可練習填入預估數字）

第一個月租金＿＿＿＿＿＿＿＿＿＿＿＿＿＿＿＿＿＿＿＿＿＿

押金＿＿＿＿＿＿＿＿＿＿＿＿＿＿＿＿＿＿＿＿＿＿＿＿＿＿＿

木工＿＿＿＿＿＿＿＿＿＿＿＿＿＿＿＿＿＿＿＿＿＿＿＿＿＿＿

水電＿＿＿＿＿＿＿＿＿＿＿＿＿＿＿＿＿＿＿＿＿＿＿＿＿＿＿

生財設備＿＿＿＿＿＿＿＿＿＿＿＿＿＿＿＿＿＿＿＿＿＿＿＿＿

不鏽鋼設備＿＿＿＿＿＿＿＿＿＿＿＿＿＿＿＿＿＿＿＿＿＿＿＿

招牌工程＿＿＿＿＿＿＿＿＿＿＿＿＿＿＿＿＿＿＿＿＿＿＿＿＿

行銷宣傳品＿＿＿＿＿＿＿＿＿＿＿＿＿＿＿＿＿＿＿＿＿＿＿＿

設計費＿＿＿＿＿＿＿＿＿＿＿＿＿＿＿＿＿＿＿＿＿＿＿＿＿＿

首批原料採購＿＿＿＿＿＿＿＿＿＿＿＿＿＿＿＿＿＿＿＿＿＿＿

總計＿＿＿＿＿＿＿＿＿＿＿＿＿＿＿＿＿＿＿＿＿＿＿＿＿＿＿

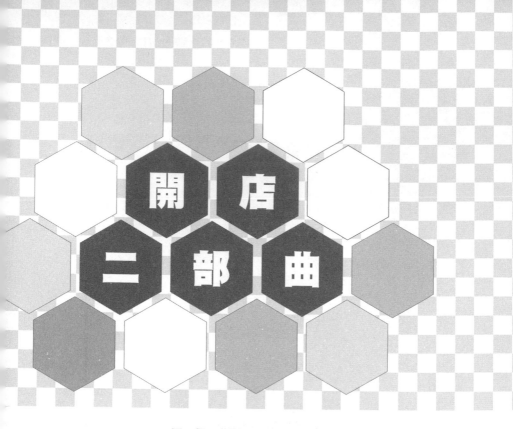

開店二部曲

創業起步，如何謀劃？

確認好我們的點子、產品有市場，也準備好資金後，還不要貿然投入，我們最好先啟動各種「營運」評估與計畫，做好計畫，才能確保我們創業之初不會立刻跌跤，甚至明明大有可為，也可能因為一開始沒有做好評估，而導致有志難伸。

開店前如何評估
會不會賠錢？

首先，我們要確保的就是店一開始下去，起碼不會是個賠錢貨，會不會賠錢，不只是看產品好不好賣，還有個各種成本與收益要精準計算。

記得自己剛開始要創業時只是一股腦的想要開創屬於自己的事業，完全沒有去計算過賺錢的機會有多大，只憑一股腦的熱血，用當兵存下來的積蓄，找了一個夥伴，就這樣開始創業。

當然，創業後吃盡了苦頭，因為根本不知道獲利模式為何，即便一開始我們只是個小餐車，但完全不知道成本與定價的問題，也不知道該怎麼招攬客人，在這過程當中不斷的遇到挫折然後學習，才慢慢的撐了過來。

如果再來一次，我相信自己不會這麼莽撞，一定會做一些基本的評估，至少先把成功機率提高，與營運策略擬定好，再去執行，這樣相對性會比較好些。

可以賺錢的思考優先

前一章我們有提到青年創業貸款該怎麼貸，有一部分是在貸款之前必須要寫「創業計劃書」讓銀行看過，然而銀行看創業計劃書會非常在意「報表」的預估，因為他必須評估你的事業是否真的有機會賺錢，然後具備「還款能力」。

所以是我們必須要自己提出具備「賺錢」與「還款」的能力，銀行才會願意核貸，而不是想說要借貸款來創業就可以先貸款，這兩個思考點有點不太一樣，因為在還沒有一些創業能力之前，銀行核貸的機率與金額都不會太高，所以還是必須要有基本的創業概念，再進行創業會較好。

創業一定要認真規劃財務報表

要評估一間店會不會賺錢？首先我們可以先從財務報表的角先切入，一般來說開店第一件事要先瞭解「損益兩平點」，必須要做到多少的營才能損益兩平收，然後再預估自己本身想要達到的「獲利標準」，然後思考要達到這樣的獲利標準需要哪些「獲利條件」，這是一個實用的創業思考邏輯。

一般創業容易落入的迷思，就是只有點子而沒有去評估可不可行，然後一股腦的投入資源與人力，最後才發現沒有獲利的標準與條件，最後失敗收場，這是很常見的創業迷思導致的失敗！

所以要創業前還是建議先學會寫創業計劃書，尤其是「財務報表」這一塊一定要認真的思考過。

開店基本功：達到損益兩平點

開店的第一個目標是「損益兩平」，損益兩平後開始進入獲利模式，所以要非常清楚如果要做到損益兩平點，要做到多少的營收，這是開店第一件要確認的事情。

損益兩平。代表的意義是至少不用再繼續的投入資本，現金流不至於變成負的，能夠達到損益兩平點，代表至少在週轉金燒完之前能夠多撐一點時間，短時間內不至於會因為週轉金燒完而倒閉，所以損益兩平點是一個很重要的目標。

在計算損益兩平點之前，我們要先瞭解幾件事：

1. 投入業態的平均成本與毛利率為多少？

（舉餐飲為例，毛利率約 55%~70% 左右），也就是說如果 100 塊的商品，成本約 30 塊～ 45 塊。

> 報表公式：
>
> 營收 - 成本 = 毛利
>
> 毛利 - 費用 = 淨利
>
> 毛利率的算法：100 塊產品 -45 元成本 =55 元毛利。
>
> 毛利率 =55 元毛利 /100 元產品 =55%

2. 投入業態的營業費用有哪些？

微型創業的小型餐飲支出大概會把費用分為「固定費用」與「變動費用」。

固定費用	變動費用
a. 租金	b. 水費
	c. 電費
	d. 電話費
	e. 瓦斯
	f. 人事
	g. 行銷
	h. 其他支出

取得業態毛利率與相關費用支出項目後，再來就是去預估相關費用實際支出的明細大約是多少金額。

建議多請教一些已經在執業相關業態的朋友或者可以上網搜尋一下相關業態的一些支出狀況，以下我們以「早餐店」的費用支出來跟大家說明損益兩平點的計算。

如何開始計算損益兩平點？

a. 租金	25000
b. 水費	500
c. 電費	8000
d. 電話費	300
e. 瓦斯費	4500
f. 人事費	
自己薪資	35000
正職 1 人	25000
平日兼職人員	13000
假日兼職人員	8000
g. 行銷	3000
h. 其他支出	3000
總費用	125300

當我們取得了相關費用後將總費用加總，如上圖。

預估一個月的營業費用大約為 125300 元（在做第一次預估時費用盡量抓高去計算，避免費用低估，實際運作後發現預估費用低於實際費用，屆時會有資金週轉的問題）。

接下來我們再套下面的損益兩平計算公式：

『

營業費用/毛利率=損益兩平點

』

如果我們毛利率設定為 60％，那麼損以兩平的計算就是：營業費用 125300/60% ＝ 208833 元。

總費用	毛利率	損益兩平點
125300	60%	208833

這樣的損益兩平預估會讓我們知道，如果我們開一間店果自己一個月薪資 35000 元，店面大概租 25000 元的店面，那一個月最少要做到 208833 元的營業額才能算是「損益兩平」，這會是我們開店第一個要設定的目標值！

計算損益兩平點

這邊我們在整理一下步驟

1. 取得業態毛利（以餐飲來説約 55~70%）

2. 取得營業費用

3. 計算出損益兩平點（營業費用 / 毛利率 = 損益兩平點）

當我們取得損益兩平點後，接下來我們要瞭解損益兩平點這樣的「數據」，所帶給我們的意義是哪些？我們透過下面的分析來瞭解。

透過損益兩平點，我們了解到如果我要開一家店，然後維持一個能夠生活的薪資，那損益兩平點為 208833 元 / 月營收。

下面請你自己試算看看損益平衡點的計算：

我的店平均毛利率是＿＿＿＿＿＿＿＿＿＿＿＿＿＿＿＿＿

我的店每月總費用是＿＿＿＿＿＿＿＿＿＿＿＿＿＿＿＿＿

我的店損益兩平點是＿＿＿＿＿＿＿＿＿＿＿＿＿＿＿＿＿

（營業費用 / 毛利率 = 損益兩平點）

2-2

開店前如何計算
會不會賺錢？

不賠錢只是第一步，我們當然希望創業可以有獲利，那要怎麼計算自己的店面有多少獲利能力呢？這一堂課就要帶大家一起來做一個仔細的計算。

前面我們透過損益兩平的計算，在創業第一步，先正確評估，確保自己不會賠錢。接著我們當然不只想要不賠錢，更希望能夠賺錢，那要如何估算自己的獲利計畫，並且確保能夠達成呢？

如何預估想要達成的獲利計畫？

延續前面的計算案例，假設我們的開店獲利目標是希望除了自己的薪水 35000 元以外，還想要賺取 40000 元，那財務預估的狀況會是如何？

a. 租金	25000
b. 水費	500
c. 電費	8000
d. 電話費	300
e. 瓦斯費	4500
f. 人事費	
自己薪資	35000
正職 2 人	50000
平日兼職人員	13000
假日兼職人員	8000
g. 行銷	3000
h. 其他支出	3000
預估獲利	40000
總費用	190300

總費用	毛利率	損益兩平點
190300	60%	317167

這邊我們改變了兩個數據，一個部分是我們將預估要獲得的獲利加入，另一個部分是因為營收的提升我們多安排一位正職人員。

把費用都算出來之後取得總費用為 190300，一樣的除以毛利率 60％，我們取得獲利應達到的目標營收為 317167 元，這是我們設定如果要達到自己的薪資扣除後還要獲利 4 萬元，我們必須要達成的數字。

所以接下來我們我們要來分析這樣的營收要達成要有哪些的條件，我們用預期要達成的獲利營收來分析。

『

我的店要達到獲利＿＿＿＿＿＿＿＿＿（多少錢），
一個月要做營業額＿＿＿＿＿＿＿＿＿。

』

將月營收轉化為日營收來計算

我們先把月營收化為「日營收」。

這邊我們將「損益兩平點」與「獲利狀況」應該要達到的狀況一起來做分析。

損益兩平點：

損益兩平點要做到的「月營收」＝208833 元。

化為日營收：208833 元 /30 天＝ 6961 元。

也就是說如果要做到損益兩平點每天最少要做到 6961 元，你也可以算算看你的店的情況：

『

我的店要達到損益兩平點一天營業額要做

』

獲利狀況目標營收：

獲利狀況下，營業額要達到「月營收」=317167 元。

日營收就是 317167 元 /30 天 =10572 元。

也就是說一天最少要做 10572 元才能達到一個月 317167 元的月營收。（以我們的經驗，假日的營收大約會是平日的 1.5~2 倍，這邊我們先用平均值來計算）

如何計算開店所需來客數？

『

營業額的組成就是「來客數」＊「客單價」。

更細部的營業額組成=來客數（人潮流量*入店率*提袋率）＊客單數

（較適合零售業）

餐飲：來客數（人潮流量＊入店率）＊客單價

』

所以當我們在預估營業額的時候，「定價」會是我們要先決定的一個重點，這邊我們先以早午餐店來說，假設我們的平均客單價設定 90 元，那「損益兩平」與「獲利狀況」的來客各要多少？

損益兩平需要多少來客？

如果要達到損益兩平的日營收目標 6961 元，客單價設定 90 元，那每天至少要做 78 個客人。

所以「每天 78 個客人」，每人「消費 90 元」至少是我們第一階段「損益兩平點」要達成的目標。

┏

我的店要達到損益兩平點一天要做多少來客＿＿＿＿＿
＿＿＿＿＿，每個平均客單價是＿＿＿＿＿＿＿＿。

┛

獲利狀況下需要多少來客？

日營收目標 10572 元，客單一樣設定 90 元，那每天至少要 118 人才可以達成。

┏

我的店要達到獲利＿＿＿＿＿＿＿＿＿（多少錢），

一天要做多少來客＿＿＿＿＿＿＿＿＿，

每個平均客單價是＿＿＿＿＿＿＿＿＿。

┛

如何預估各時段顧客流量？

接下來我們要評估營業時間每小時要處理的顧客流量。

當預估出每天要做的來客數後，接下來我們要去觀察這個業態的
尖峰與離峰時間，然後去預估「尖峰時段客流量」與「離峰時段
客流量」這兩個部分。

這兩個部分會去影響到人員的配置數量與動線的安排

來客分佈預估如圖表：

5-6點	5
6-7點	10
7-8點	20
8-9點	15
9-10點	10
10-11點	8
11-12點	8
12-13點	2
總來客	78

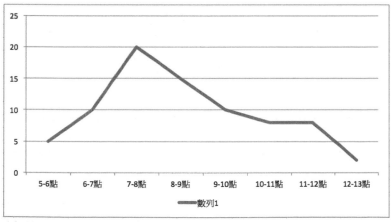

↑損益兩平時段來客分佈預估：

5-6點	5
6-7點	13
7-8點	25
8-9點	25
9-10點	10
10-11點	15
11-12點	20
12-13點	5
總來客	118

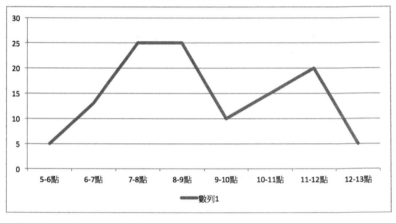

↑獲利狀況時段來客分佈預估：

如何評估預估的來客數是否能達成？

當我們計算出「損益兩平點」與「獲利狀況」的時段來客分佈後，我們就可以比較精準回推是否能達成營業額，也就能回推是否能達成獲利目標。

接下來會產生幾個問題點。

當我們做完營收分析後，必須確認預估的來客數的「可達成性」與「可能性」。

如果是第一次創業的創業者，不仿拿著自己的預估數據去觀察相關業態競爭店的營運模式，找生意好一點的店，數一下他們每個時段處理客人的客流量，再去核對一下與自己預估數字是否有機會達成。

這樣可以有效的降低預估與實際上面的落差，因為剛開始創業一定沒有經驗，所以必須先利用可以觀察與分析的數據協助自己分析數據的準確性，這是我們可以透過預估與觀察競爭店狀況來降低風險的部分。

如果觀察競爭店是可以達成自己預估的相關數據，那代表的是預估的「可能性」是有的，但不代表自己一開店就能夠立即到達，競爭店可能也是花了很多功夫才達到那樣的數據，這邊我們僅是「先確認」預估的數字是可以達成的，才不會讓預估數字只是好看而已。

你這家店的營收天花板是多少？

開一間店其實都會有所謂的「營收天花板」。

影響營收天花板的要素大概有幾個：

1. 內用 / 外帶 / 外送的比例：

一般經營餐飲就三種營業模式，內用 / 外帶 / 外送的比例分配問題，通常價格帶越高，內用比例會越高，所以當我們在設定來客數與客單價的數據時，業態的營業模式也會影響著營收狀況。

例如：早餐店平日內用約 3 成，外帶約 6 成，外送約 1 成。到了假日內用約 6 成，外帶約 4 成。這是在平均客單 50~100 元的早餐店店型的參考比例。

價格帶如果在 100 元以上（例如 Brunch 店），內用比例會偏高，甚至就是純內用方式，因為 100 元以上的餐點除了產品價值外還有環境與空間的附加價值。

如果是飲料店，那有可能就是外帶 / 外送比例比較高。

2. 店面的格局：

所以內用 / 外帶 / 外送的比例跟營業空間的「格局」會有很大的關係。

如果是以外帶外送的飲料店來說，可能就不需要內用空間，那相對性需要的空間坪數與格局就比較容易選擇。

但如果是純內用的早午餐店，那內用空間的格局會影響「座位數」，如果以一個小時必須要做到 25 個客人來說，你的座位數沒有 25 個客人，然後又是「純內用」的格局，那你覺得有可能達到獲利狀況的預估數據嗎？答案是肯定沒辦法的。

所以營業空間的「格局」會決定我們是否有辦法達到獲利狀況預估的那個數字，也就是一間店面的營收天花板如果沒辦法達成我們預估的獲利狀況，又或者我們的內用 / 外帶 / 外送比例沒有思考好，策略錯誤，都會導致一間店再怎麼辛苦都不會賺錢的窘境。

3. 翻桌率是否有辦法達成？

第三點與第二點有一點連動關係。

這邊我們先介紹一個名詞「翻桌率」。翻桌率就是顧客用餐輪替的速度與效率。如果我們的座位數是 20 個位置，那今天如果做了 40 個來客，那就是「翻桌兩次」。

所以可以取得 個公式：來客數 / 座位數 翻桌次數。

你可以算算看你的店面翻桌率是否可以提升你的來客數？

『

我的店一天最多能翻幾輪＿＿＿＿＿＿＿

最多可以做到多少來客數＿＿＿＿＿＿＿

』

4. 坪效是否能達到我們的預估值？

如第二點所提，空間格局會影響「座位數」，座位數會影響「翻桌率」。

如果座位數不多那「翻桌率」就要高，所以如果你找到的店面格局不大，座位數沒辦法多，一個部分要思考是否承租這樣的店面，另一個部分是是否有辦法提高「翻桌率」以達到預估的來客數嗎？

這也是餐飲裡常提的「坪效」，每坪能產出的營業額有多少，這些都是必須在開店前先做計算的。

舉個例子：今天租一間 30 坪的店面，一個月租金是 3 萬元，那一坪月租金 =1000 元。

10 坪做為廚房空間，20 坪做為營業空間，放 30 個位置，平日可以翻 3 輪，假日可以翻 5 輪，以客單價 100 元計算，平日營收約 9000 元（以 22 天算），假日營收約 15000 元（以 8 天算），一個月約可做 318000 元，318000 元 /30 坪 = 一坪一個月的坪效有 10600 元，租金占比 9.4%（一般合理租金占比約 10%~12% 左右，太高風險就會更高，但也會依業態還有策略有所不同）。

所以當我們在規劃廚房空間與營業空間時要先了解營業空間是否有辦法創造出我們要的獲利坪效，也就是前面提的「可能性」問題。

這四點是當我們做出預估營收之後必須要更深入去思考的，在尚未開店談「經營」之前，如果沒做好營業狀況預估，與找到適合的格局與合理租金的物件，那後面就算經營的很辛苦也很難達到獲利狀況。

為什麼生意很好，卻還是賠錢？

有許多開了店辛苦經營卻沒辦法改變賠錢事的原因，實就是一開始沒有做好財務評估，然後沒有找到適合的物件，在財務無法平衡下最終失敗。

餐飲經營不止後續的「經營」很重要，前期的「預估」與「評估」也佔了成功與否的一大半，不可不慎。

實戰練習！

如何計算自己開店
會不會賺錢？

最後我們在這一篇做個總結。

1. 先計算出損益兩平點：這是開店第一階段一定要達成的目標，越慢達成付出的週轉金就越多。達成損益兩平點代表至少財務能擺脫入不敷出的狀態，現金流開始為「正」的。

2. 算出你的預估獲利狀況：這部分是你預期開店想要達成的獲利狀況。

3. 從月營收目標轉化為日營收目標。

4. 從日營收目標預估出時段來客數與客單價。

5. 找一間同業態的競爭店（找生意好的）做評估：評估以他的生意量是否有辦法達成你所預估的獲利狀況預估營收（去計算他的時段來客數），如果連你覺得生意很好的店都沒辦法達成你所設定的獲利營收預估，那要評估你所設定的獲利營收可達成性是否高。這個動作是確認自己的預估數據的「可行性」。

6. 你所設定的營業模式（內用／外帶／外送比例）需要什麼樣的物件格局才有辦法達成？格局與營業模式決定你的營收天花板。

7. 工作空間與營業空間的比例決定座位數，座位數決定翻桌率，你找的物件的座位數與翻桌率是否有辦法達成所設定之營業目標？

8. 物件租金與坪效預估，租金在餐飲的財務費用上屬於「固定費用」，過高的租金與無法產生坪效的物件都會造成經營上面的困難。

評估物件達成營收的可能性後，再換算成坪效是否在合理比例範圍內，如果坪效過低或租金比例過高，都不要勉強自己承租（初創者最容易心急，但好的物件不是那麼容易出現，好的物件佔成功的比例非常的高）。

我的東西
要賣多少錢才好？

我應該如何設定店中各項產品的價格，才能吸引顧客，但是自己的經營也不會賠錢，有哪些定價策略可以思考？又如果要調整定價時有那些技巧可以使用？這一課將一一為大家解答。

不敢賣得比別人貴？

記得剛開始創業的時候，因為怕價錢太高不敢跟人家競爭，所以定價幾乎都是看附近的店怎麼賣，別人賣多少錢我們就只敢賣那個價格，深怕定價太高，客人會不買單。

在剛開始創業的時候很容易因為信心不足，而不知道該怎麼定價，或者定價過低，這些都是會讓自己創業過程做得越來辛苦的原因。

定價太高，顧客不知道會不會買單？定價太低，自己的經營過程可能就撐不下去？所以我們要學會如何定價。

在做價格定價時有哪些事情需要思考？下面我就為大家一一解析。

定價策略 1：我們滿足了什麼需求？

我喜歡用「馬斯洛需求理論」來觀察商業現象，這部分用在定價上面，就是你能夠滿足越上層的需求，定價相對可以定的較高。

就人的需求來說，經濟能力越好也較能夠追求更多的需求，所以越上層的需求也代表了消費力越強，相對性的要提供的就不單單只是吃的飽的服務而已。

以自己在餐飲的觀察與經驗，針對不同需求要達到的水平如下：

1. 定價在 100 元以下：吃飽即可

在這個部分比較注重產品本身，消費者要的基本上就是平價，對於產品本身以外的要求在消費前原則上都有個基本認知，只要不要態度太差，產品本身口味 OK，與定價不要落差太大，有時只要能夠滿足填飽肚子與速度（速食）即可。

這個區間帶賣的東西，以平常用來填飽肚子的為主，回購性較多，但客單價比較沒有那麼高，通常要以量取勝。

2. 定價在 200 元以上：與朋友聚餐

消費者開始會去著重食材本身用料，也在意服務上面是否能符合預期，在這個消費帶通常帶著一種與朋友吃飯應酬的概念，所以在選擇上面除了產品以外還會注重整體環境與服務性。

3. 定價在 300 元以上：開始要求氣氛

通常定價在 300 元以上的餐廳，會開始涉入一些較特殊的日子，或者是偶而對自己好一點、吃好一點的概念，對於用餐氛圍會更加講究、產品特色性強、產品的呈現美觀度要夠高，環境要舒適、服務也較講究。

所以要切入這個區間帶除了產品本身外，對於產品呈現度、服務性、餐廳氛圍也都是關鍵，要瞭解自己切入這個業態是否有能力呈現出這個區間帶的價值。

4. 定價在 500~700 元：有價值的服務

通常在這個區間帶用餐已經算是較高檔的用餐，通常用餐就是為了彰顯自己的價值，或者是特別值得慶祝，或者是較高檔人士的用餐水準，要求自然必須非常高的標準看待，投資金額也較高，少則也要上千萬的投資較能夠取得這部分價位的定價。

5. 定價在 1000 元以上：彰顯社會地位

這部分就屬於高檔餐廳，消費者要滿足的已經不只是吃飽或產品本身，更深一層的是透過這樣的消費來彰顯自己的社會地位與價值，滿足自我的虛榮心，所以在產品的呈現與整體的餐廳氛圍、服務，不只是舒適，甚至需要浮誇，彰顯顧客的尊榮與高價值。

利用馬斯洛需求理論可以了解其實在每一個定價策略背後需要滿足的不只是產品本身，如果要做越高的定價，相對的顧客標準要更高，而且要能夠彰顯出那個消費區間帶的心理需求，這樣才有可能成功的經營下去。

定價策略 2：成本定價

成本定價是比較常用的方法，一般來說我們會先試做產品，然後取得成本，然後取得我們要的毛利率去做定價。

例如我們前一章有分析的報表，假設我們整體的毛利需要 60%，那我們在定價時的成本率就要盡量控制在 40% 以下。

如下圖的成本分析表，所有的食材成本分析過後，加總的成本是 23.973 元，如果我們要取得 60% 的毛利，成本率 =40%，就用 23.975/40% = 59.93，所以如果要取得 60% 以上的毛利可以定價為 60 元。

商品名稱			總匯堡	
商品編號				
製作日期		2014/5/18	售價	60
材料名稱	原材料單價	單位	數量	單價
漢堡		個	1	4.5
沙拉		g	16	0.96
番茄醬		g	10	0.42
小黃瓜		g	10	0.42
番茄		g	10	0.42
美生菜		g	20	1.5
千島醬(無蛋沙拉)		g	5	0.525
胡椒鹽		g	0.5	0.11
黃金G排		片	1	7.33
起司		片	1	2.75
哈姆片		片	1	2.93
油		g	2	0.16
炸油		份	1	1.6
漢堡袋		封	1	0.35
			原料費	23.975
			毛利額	36.025
			成本率	0.40
			毛利率	60.04%

這是我們較常用的成本定價法。

『

但也不是利用成本加上我們要的毛利就一定能成為定價！還必須要去比較整體的呈現是否有那樣的「價值感」。

』

這部分比較抽象，但看起來越有價值感會讓顧客覺得越值得，這部分是必須要利用擺盤，或者是食材的搭配去將價值感呈現出來的，也是通常我們在開發商品的評估之一。

定價策略 3：避免比價效應

其實定價的便宜與貴都是被「比較」出來的，所以消費者都會利用比價，或者是印象中的價值感，來比較你的定價是否能夠接受。

這時候，在製作產品或者命名時，其實也可以跳脫一般的命名，或者與他人同質性不要太高，這樣就可以盡量避免比價效應！也比較能夠做出自己的差異化特色來。

定價策略 4：整體策略定價

除了單品的定價方式外，還有整體的定價策略可以運用。

『
　例如設計一隻明星商品，利用明星商品來吸引顧客進門，這隻明星商品可能毛利只有**5**成，但他是用來吸引顧客用的，所以雖然毛利低了一點，但可以吸客。

> 然後再利用周邊的飲料，點心或者套餐，這些商品有可能毛利可以到達7成，所以整體平均毛利還是可以到達6成，這是可以應用的一種方式。

所以當我們要進行定價時，首先我們需要訂出我們的目標毛利是多少（在前章的損益兩平與獲利預估時的預估毛利），先訂出我們要的目標毛利，接著進行商品定價。

商品定價要考慮競爭者定價與價值性的呈現（是否滿足了這定價層顧客的心理需求），再來做商品的調整與整體定價策略的擬定。

定價要考量商品分級

開始營運之後通常我們還必須針對商品的銷售狀況做出「商品分級」。

首先要先了解店裡面的商品銷售狀況，把商品的銷售排名先排列出來。

產品分級
A 級商品：高毛利、高銷售
B 級商品：高毛利、低銷售
低毛利、高銷售
C 級商品：低毛利、低銷售

接著我們觀察「銷售好」的商品，是否同時具備「毛利高」的條件，如果商品有高銷售與高毛利同時具備的狀況，那這隻商品很有可能就是店裡面的「獲利商品」，必須針對這隻商品做加強銷售的部分。

如果是高毛利，但銷售狀況不怎麼好，那就屬於 B 級商品，那就要想辦法提高他的銷售量，看是否有潛力成為 A 級商品。

同為 B 級商品的還有「低毛利，高銷售」特性的商品，這一類商品可以試著提高他的售價看看，當售價提升後銷售量是否還是依然強勢。

最後針對 C 級商品「低毛利，低銷售」的商品進行淘汰的部分，這類的商品存在其實會增加庫存與作業複雜，可以直接的淘汰，在開發較高毛利的商品做為銷售較好。

這是在營運的過程當中我們可以應用的一些方式來調整營運的體質，讓毛利能夠維持在較高的水平。

調整定價時的策略技巧

這邊如果害怕調升售價會有消費者沒辦法接受的狀況，那可以調升售價後先「做一波優惠活動」，這優惠活動跟原本的定價差不多，主要是要讓消費者知道「定價」已經調整，但「售價」因為優惠還是跟之前差不多，慢慢的當大家都知道定價調整了之後再將優惠活動取消，減緩衝擊。

另一個方式是可以「先下架」，然後調整售價與「重新命名產品」的方式再次上架，將原本毛利不高的部分調整一下在測試銷售狀況，或許也有機會成為 A 級商品。

微型創業適合的定價策略

在台灣，勞力成本的提升，與食安意識抬頭，所造成的食材成本提升是一個大趨勢，所以整體來說開一間店的成本與費用都會不斷的提升，所以：

『

　提升毛利率，會是一個很重要的方向。

　　　　　　　　　　　　　　　　　　　　　』

剛開始創業如果資本較不足大部份能切入的定位都是較屬於滿足「生理需求面」的業態，也就是定價通常在 100 元以下的業態，這個定位的業態特性，就是必須要用來客數來補足較低的客單價。

但也因為生理需求屬於「剛性需求」（也就是一定存在的需求），所以其實只要能夠掌握住消費者心理，好好的把產品做好，用心地做，然後補足專業知識做好評估再出發，通常成功率也是較高的一個業態。

因為越高端的市場雖然客單較高，但相對性的需求也需要硬體層面的支撐，例如較高端的裝潢與設備，這部分對於剛開始沒有太多資金的微型創業者來說也是一個較高的門檻。

定價攸關了我們的毛利，毛利也悠關了我們的淨利，所以有一個好的定價策略取得較好的毛利經營起來也較輕鬆。

怎麼選擇
店面要開在哪裡？

做好了創業前的產品規劃，那就要開始承租店面了，等等，別忘了店面租金是固定成本，每天都要固定消耗的，而且店面地點也和妳的營業額會有極大的關係，所以這一課要教你如何全面評估，選擇正確的開店地點。

可以故意選租金便宜地段開店嗎？

當我們決定好要切入的市場業態、也做好損益預估、菜單擬定與售價後，接著就是要挑選一間適合自己經營的店面。店面的選擇佔了開店會不會成功相當大的比例。

曾經有人問我，可不可以找偏僻一點的地方，租金相對低，再利用「行銷」來吸引客人？

其實市場上也有許多開在偏僻地方，然後生意很好的案例，但通常這些案例都有一些特殊的特色來吸引客人，要嘛他的產品特色大到足以引起很強的口碑行銷，或者是老闆的經營風格很特殊可以引起話題，這些條件本身可能是經營者過去就擁有很強的產品製作專業優勢，或者是經營經驗才較有辦法做到，這樣的案例都算是特殊案例。因為，選在偏僻的地點開店最大的挑戰是「違反消費習性」。

選擇有效商圈

在選擇店面時的第一件事，是針對一開始在「客群定位」裡做的定位，去尋找「有這些潛在族群的客群」，然後針對這些客群先去尋找「商圈」，然後在商圈中尋找可以開店的地點，我們稱為「立地」。

我們前面有提到在創業前評估「機會成本」是一個非常重要的動作，機會成本包含了「業態選擇」、「店面格局選擇」，還有就是「商圈選擇」，這些都是一種機會成本。

舉例：以商圈選擇來說，開在每平方公里有 10000 人與 5000 人，開辦的費用可能是差不多的（因為裝潢、施工、人事等等可能都差不多），但每平方公里有 10000 人跟 5000 人的「市場規模」是不一樣的。

開實體店面大部份能吃的都是「有效商圈」範圍內的顧客，所以商圈對實體店來說是個很重要的選擇。

什麼叫做「有效商圈」？

有效商圈跟業態也會有關係，換言之如果以自己是一個消費者來說：

『

　在消費什麼樣的東西？願意跑到多遠去消費？這就是基本的「有效商圈」。

』

以早餐來說，有效商圈範圍大概就是半徑 500 公尺到 1 公里，試想自己在買早餐是否會刻意跑到很遠的地方去買？假日或許會，但如果是家庭主婦要帶小朋友出門，就可能只會在居家附近購買，如果是上班族可能也是居家附近，或者是上班路上找一間早餐店買，這些就是「消費習性」。

以消費習性來評估「業態」，然後抓出可能的消費範圍，就能找出自己的「有效商圈」範圍了。

一般來說，如果撇除一定要開在自己家附近來說，我們會建議將店開在機會成本高一點的地方，一樣的努力其實投資報酬率會不太一樣！

如何評估商圈的機會成本？

怎麼樣評估機會成本？剛開始在選擇商圈時其實可以去調查附近的區域哪邊的「人口密度」較高。（要查詢人口資訊可上內政部網站就可以查到相關資訊）

注意是「人口密度」而不一定是人口數喲！

因為如果區域的腹地大，就算人口數多但人口「密度」不一定高，人口較稀疏的狀況下，開店「有效商圈」範圍內的潛在顧客也不一定多，所以先去尋找「人口密度」高的地方做為開店選擇，相對機會會比較大一點。

舉「新莊」的人口密度為例，每平方公里有 20000 人來說，如果 20000 人當中有 7 成的人口早餐是外食，那每天有 14000 人的早餐外食人口，如果每人的早餐消費額為 50 元，那一天的市場消費額就會有 70 萬元。

如果區域內有 30 家早餐店，那相對性每間可能能有 2 萬多的市場分配額，但不是說開店就一定一天有 2 萬營收，這是一種「機會」，一定有人生意好有人生意不好，生意好的吃到更多的市場份額，但至少「機會」是較高的。

那如果以樹林來說呢？人口密度為 5000 人，一樣 7 成的外食消費來說，一天 3500 的外食人口，一樣一人消費 50 元，那一天的市場消費額為 175000 元，就算早餐店比新莊少，只有 20 間來說好了，那一天的市場機會份額也只有 8750 元，相較之下就會差非常多。

『

如果一樣都是投資100萬來開店，所能擁有的「機會」就會不一樣！所以在談創業前，機會的選擇是非常重要的。

』

一樣要在新北市開店好了，先撇除競爭，新莊的機會會比樹林好上許多。這是選擇店面的第一步，可以利用政府相關資訊來做為第一階段區域的判斷。

商圈的競爭對手調查

當我們選擇要進入一個商圈之後，接下來要了解這個商圈內有哪些競爭對手。

競爭對手的設定通常有幾個注意事項：

1. 客群屬性。

2. 商品結構。

3. 價格區間帶。

4. 業態

競爭對手不一定是與自己相同業態，例如：我是賣早餐的，鎖定的是上班族，商圈內的競爭對手除了同樣是早餐店外，上班族同時段還有可能會去麥當勞、7-11 買早餐，那這些店也會是我的競爭對手設定對象。

我所鎖定的族群在相同營業時間裡會到其他地方滿足需求，那這些地方都會算是我的競爭對手，當這些地方屬於我的競爭對手設定範圍，那就必須去分析他們的商品結構、售價與策略，這樣才有辦法做出在商圈內較具差異性的競爭優勢，也才有機會在商圈內存活。

分析商圈內的消費習性

通常在做商圈調查，最重要的是該商圈的「客群結構」與「消費習性」，也就是說在一個商圈裡面的人有哪些，通常什麼時候什麼時間點會出來做消費行為？消費動態怎麼流動？這些會影響我們在設點的決定。

舉個例子：假設我的業態是做簡餐，想要開在商業區裡，那我們分析一下商業區上班族午餐的消費習性是什麼？

案例：午餐消費習性分析

首先，上班族中午的休息時間大部份是 12 點到一點（或一點半），那這些上班族要用午餐可能會有幾個影響決定的地方：

1. 從辦公室到餐廳的距離

2. 餐廳的出餐速度

3. 餐的價格

我們來分析為什麼這些要素會影響上班族的用餐決定？

首先，中午休息只有一個小時到一個半小時，也就是說扣除吃飯時間後才算是真正的休息時間，那用餐時間越長表示休息時間越短，所以上班族會盡可能的縮短用餐時間，讓休息能夠長一點。

假設從辦公室離開到餐廳要花 10 分鐘，點餐到出餐花 10 分鐘，用餐花 15 分鐘，走回辦公室在花 10 分鐘，如果休息時間只有 1 小時，那表示剩 15 分鐘可以休息。

如果你的餐廳開在只要五分鐘就可以到達的地方相對會比較吃香，開在要 15 分鐘才能到達的地方就可能完全不會被選擇。

一樣的，出餐時間 10 分鐘跟 15 分鐘一樣會影響到上班族下一次的消費決定。

中午用餐通常就是要快，比較不是享受氣氛，所以價格通常也就是選擇可以填飽肚子而不是要多好的氛圍，這些都會影響上班族的消費決定。

案例：晚餐消費習性分析

那如果是晚餐呢？就有不太一樣，下班後有較多的時間可以選擇用餐，所以距離如果在 10-20 分鐘可以到達，或者下班路線上通常都可以接受。

工作了一整天，有時會想利用晚餐來舒壓，把工作上的壓力與不滿情緒透過吃來宣洩，所以較願意花多一點，所以這部分的選擇除了食物本身位，環境最好能夠舒壓，價格的預算也就會比較高一點，想要透過吃來好好的放鬆一下。

這部分的商圈離客群距離就不一定要像午餐市場那樣的短。

所以在商圈選擇時，要透過這樣的思考來調整自己的業態與策略，例如：中午要有提供外送服務，縮短上班族用餐的時間，這部分可以把簡餐改變為便當或定食類去搶上班族的午餐市場。晚餐的部分利用店內的氛圍與服務吸引顧客下班來消費，來建立兩個時段的消費需求的滿足。

這是在經營時的整體思考，從業態、客群、消費習性到商圈選擇與策略擬定的整體思考，也唯有這樣的思考後續才能因應商圈狀況做調整，才有辦法生存下來。

主商圈、次商圈、邊緣商圈

商圈的選擇會因為業態而不一樣，例如：百貨公司設點跟早餐店設點的選擇方式不太一樣，這邊我們以小型店設點做為說明，商圈選擇還是會因為業態不同而有所不同，主要還是跟「消費習性」有連動關係。

商圈有分主商圈（第一商圈）、次商圈（第二商圈）、邊緣商圈（第三商圈）。

第一商圈

第一商圈主要的消費習性以「方便」為主，走路約 10 分鐘時間可以到達的地點。

如果我們開的店要以「方便」為一個訴求點，那就要去調查第一商圈內的人口數、人口結構（年齡、職業）、消費動態，然後選定一個區域開始找開店的地點。（一般來說小型店會看半徑 500 公尺～ 1 公里的範圍，這範圍內的人口狀況就會是我們所評估的參考依據。）

第二商圈

第二商圈為次商圈，可以要騎機車 5 ～ 10 分鐘才能到達，如果要吸引到第二商圈的客群，那差異性與特殊性就必須要更強列，在

商品、服務上，這些差異性必須要能夠有一點話題，產生口碑效應，這樣較有辦法吸引到第二商圈的族群來做消費。

所以如果商品或服務的差異性夠大，能夠引起口碑效益應，那就有機會可以吃的到第二商圈的客群，相對性的對店舖就有更大的利基，也代表能吃到的更大的市場。

第三商圈

第三商圈屬於邊緣商圈，也就是可能開車要開個 10 分鐘以上，除非有特殊的利益點，或者特殊性真的夠強，才比較有辦法將商圈效應擴大到第三商圈範圍，如果能把口碑效應擴大到第三商圈範圍的客群都聞名而來，那就有機會成為「名店」。

如何畫出商圈分析地圖？

在選擇商圈後，如果有看到不錯的地點，可以試著去下載一張 google 的地圖，以找到的地點將商圈範圍畫出。

然後把附近的住宅大樓、商辦大樓、具有集客性的單位（郵局、學校、醫院、公園）、競爭對手等都標注出來！

這樣的用意是清楚我們的潛在顧客在哪裡，可以用這樣的商圈地圖做為商圈開發的地圖，把已開發、未開發清楚的標示，又或者是什麼時間點去開發哪一區都可以用這樣的地圖去做記錄，做商圈的深耕與經營。

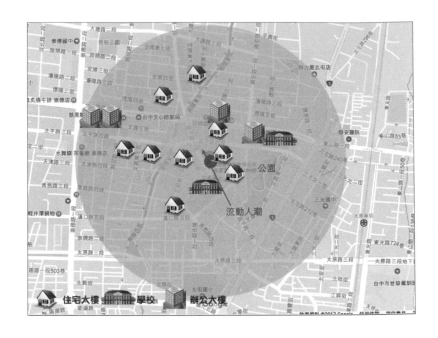

開始進入店面選擇：陽面與陰面

當我們決定好商圈範圍之後並不是這樣就結束，商圈代表的是選擇一個「有市場」的地方做生意，然後透過商圈分析先把戰略思考一遍，畢竟「有市場」後，努力的成效較能彰顯。

創業並不是努力就好，必須要在有成功條件的狀況下努力才會成功，所以做好商圈評估是為自己拿到創業存活的一把鑰匙，而且是很重要的鑰匙。

選完商圈後，還必須在商圈那選一個「好地點」，那成功的機率才會更大。

首先我們要先了解立地的「陽面」與「陰面」。

前述有說明開店很重要的一個要素就是「消費習性」，所有創業都必須要瞭解顧客的消費習性，能夠掌握消費習性才能夠得到更多的市場份額。

我們用上圖來說明陽面與陰面的差異。假設在商圈內左邊為住宅區，右邊為商業區，那早上的「人流」就是從左邊往右邊移動，台灣在移動時是靠右行走，所以對早上的業態來說，「下箭頭」屬於「陽面」，「上方箭頭」屬於「陰面」。

反之，以下班來說，人潮是從右邊的商業區往左邊的住宅區移動，那下班時段「上箭頭」屬於「陽面」，「下方箭頭」屬於「陰面」。

所以如果要選擇做「早餐」業態，那你要開在「下方箭頭那面」才對！

如果要選擇做「晚餐」業態，那要選擇「上方箭頭那面」。

開店後應該如何
做開幕促銷？

店家開門，不代表生意會自動跑進來，尤其我們開了新的店，一定要有吸引第一批客戶的手段，通常就是開幕促銷，但要小心，開幕行銷不能亂做，要不然反而可能永遠再也沒有回頭客。

開店後客人不會自動上門

做好了許多準備，也準備要開店了，但客人在哪裡？開店就會有客人上門嗎？

創業當然沒有想象中那麼簡單，這幾年與許多想要創業的朋友聊天，總會覺得許多人總以為店只要開了，客人就會自己上門，然後實際開店後才發現事情跟想象中差異甚大，怎麼都會沒有客人？然後店開了幾個月，週轉金燒光了，最後認賠殺出，幾個月就把辛苦積蓄的存款給賠光了。

開店前的準備不只是把硬體設備找好，然後花錢施工，把店弄的漂漂亮亮之後就會有客人自己上門，有機會與想要創業的朋友分享我都會說，開店一開始其實是不會有客人的，如果一開店就有客人，那也只是算運氣好，如果完全沒有經營的知識就以為開店之後生意就會很好，就會自然邁向成功，這樣的創業想法其實充滿了許多危險。

所以這一篇我們要來談談準備要開店之前，還有哪些要瞭解與要準備的，為開店擬定好策略，然後才開始展開創業之旅。

營業額組成第一要件：開發潛在顧客

在開店之前，我們要先了解營業額的組成關係有哪些。

一般我們知道「營業額＝來客數＊客單價」這一個公式。

在前面的市場分析、定位還有商圈評估中，一個很重要的概念就是我們必須要知道會來我們店消費的顧客到底是誰？有哪些人會成為我們的顧客？也就是我們的「潛在客群」，所以當一間店定位出來後，開始尋找有潛在客群的「商圈」來開店，這是開店前我們要先瞭解的邏輯。

當找到潛在客群後，我們要先思考的第一件事是「如何讓這些潛在顧客成為我的新顧客」，尤其是剛開始的時候。

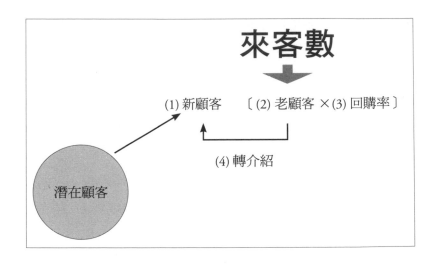

了解開幕行銷的真正目的

一般比較常見的就是開幕時會做一個「開幕行銷」，這是很常見的方法，可能用促銷的方式吸引商圈內的潛在顧客注意，然後到店嘗鮮與消費，在這邊行銷目的最主要是「吸引商圈內客群注意與第一次上門」。

『

　　但在這邊有一個很重要的觀念，就是選擇促銷的方式到底是吸引到「撿便宜」的客人，還是吸引到「真正你想要」的客人。

』

許多開店的手法都是利用大折扣的促銷活動來吸引目光，讓消費者嘗鮮，至少有上門吃過就有機會，這樣的方法在剛開始開幕時或許可以用，但是更需要做的是當利用這種方法讓顧客第一次上門時，該讓顧客認識的是：「我們的品牌或者產品訴求」。

不要讓顧客只是撿完便宜，然後什麼也沒認識的就離開，他因為便宜而來就會因為便宜而去（就是促銷結束後，他們就不來了），最後你吸引住他的只是他覺得「便宜」，而不是因為了解你的價值。

所以剛開始吸引第一批客人的時候可以使用促銷，但務必在第一次促銷時盡可能的讓顧客了解我們的產品與品牌價值，能讓越多客人了解價值，後續才有可能產生第二次、第三次的回購。

千萬不要以為開幕幾天用大量促銷吸引很多人上門就很開心以為生意每天都會這樣好，當促銷完之後才發現那些人都不見了，這時候的考驗才真正開始。

在這邊再強調一次，開幕行銷使用的促銷手法目的在於：

『

在商圈中產生話題，吸引注意，讓潛在顧客產生第一次消費，但我們開店最重要的目的是傳遞我們的訴求與產品或者品牌價值。

』

所以即便一開始使用促銷手法也必須盡可能的在顧客上門時做「價值傳遞」的動作，這樣促銷活動結束後產生回購的機會才有可能比較高，要不然當便宜結束也代表着生意的結束。

開幕行銷前一定注意團隊準備

在開店前的團隊準備，是進行開幕行銷過後是否還能持續有生意的重要關鍵，所以開店之前的團隊訓練與對產品操作的熟練度、整合團隊的協調性與配合默契，都會攸關開幕時的顧客服務狀況。

一個簡單的思考邏輯：今天如果你的產品製作流程還沒有跑的很順，團隊沒有合作過，對於突然湧進的顧客處理沒有足夠的經驗，那開幕的時候顧客的消費體驗反而是不好的！

『

開幕活動如果力道太強，吸引很多人上門，結果消費者的體驗都是不好的，那後續要再次上門的機會就相對的低很多，而且必須用更多的成本來挽回顧客，反而失去了做生意的目的。

』

如果沒有任何的開店經驗或者餐飲經驗，開幕行銷並不適合做太強烈的行銷活動！建議可以循序漸進的方式慢慢加強行銷力道。一開始先把團隊默契給培養起來，讓產品製作能夠順利，並且快速的檢討與改善在慢慢的加強行銷力道。

用發傳單開發新客戶
有效果嗎？

很多人平常可能不一定理路上發的傳單，於是自己開店時，也覺得發傳單沒效果，但真的是這樣嗎？其實在經營實體商圈時，這個看似傳統的動作，卻是一個非常有效幫你找到新客戶的方法。

實體店面對於潛在顧客開發最重要的事，莫過於商圈的開發與經營。

開一間實體店面，顧客有相當高的比例顧客來自於商圈內，但其實不是每開一間新店商圈內的所有人都會知道，還是要看店家對於商圈開發與經營的能力強度而定。

以我自己的經驗為例，我自己本身是吃素者，五年前搬了新家，但是偶然間發現一間素食店也已經開了很久，但是我居然是事隔

五年後才知道那裡有一間店，如果那間素食店有定期做商圈的開發，或許他就可以多做我五年的生意了，想想是不是有點可惜？

所以我們一定要學會商圈的開發，通常有幾種方式。

用宣傳車開發商圈

宣傳車較適合有大型活動時使用，因為有可能辦活動時效較短，需要較快讓訊息傳遞出去以讓活動能夠成功，所以如果是有短期性或者是較有指標性的活動可以使用宣傳車，例如：開幕活動、週年慶。

但因為宣傳車也較容易造成噪音污染，如果太頻繁使用反而會降低顧客對於店的好感度，所以使用頻率比較沒辦法太高。

發傳單來開發商圈

許多人會覺得發傳單會有效嗎？但以我們的經驗，發傳單是開店做商圈經營最有效的一種方式！

做廣告宣傳時，當然不太可能每一個人都仔細去看到我們的訊息，但是如果 100 張傳單有 1、2 個人因為看到而認識了店，然後感興趣願意上門，這 100 張傳單的成本其實就回來了。

即便第一次拿到傳單的人未必會第一次就上門，但至少開始有了

認識，有了認識就會有印象，當一次兩次收到傳單後有可能第三次就會上門，又或許拿到傳單當下沒有立即需求，但當他有一天突然有需求時，第一個想到的會是我們的店，這樣就算成功了，這也才是做商圈開發真正的意義。

『

不要想發一次兩次傳單，店裡就會高棚滿座，商圈開發是一件需要持續性的日常事務，也是我發現許多開店的創業者執行度最弱的地方！當商圈內的競爭對手大量地發傳單，而你不去做時，機會自然就會是別人的。

』

發一張傳單如果是 0.5 元，假設每 100 張能夠開發到一個顧客，願意到店消費 100 元，那其實發這 100 張傳單的成本就打平了，還賺到了廣告效益。

還有一些發傳單的方式與技巧：

(1) 大樓合作：通常我們都會選定商圈內的一些住宅大樓與商辦大樓，一次放一疊，讓住戶或者辦公的人可以拿，可以送杯飲料給管理員打點一點關係，也可以跟大樓管委會合作，該棟住戶消費有優惠，利用這樣的合作方式來開發大樓顧客。

(2) 塞信箱：有一些公寓大樓並沒有管理室，只有信箱桶，通常這
　　也是大量快速發送的目標。

(3) 挨家挨戶拜訪：挨家挨戶拜訪其實是最有效的方式，因為人總
　　是見面三分情，這種開發方式的成交機率最高，有時候發傳單
　　完回到店裡，對方有可能就訂購了。

(4) 使用截角優惠：傳單可設計一些優惠兌換，讓潛在顧客有更多
　　的誘因願意來到店裡消費。（但盡可能的還是要在傳單上去體
　　現店的價值訴求，利用一些獨特的賣點來吸引目標顧客會比用
　　優惠來的更好）

發傳單的效果好與不好很大的差異在於發的人的「心態」與「態
度」。當我們去發傳單時要調整心態其實我們在賣的不是店裡的
商品而已，而是在賣一個創業者的態度，面對顧客展現出我們很
想為您服務的那種感覺，親切感，柔軟的態度。

商圈開發正確觀念：量，很重要

發傳單是商圈開發很重要的一環，然而許多人覺得發傳單沒有效
益，又或者覺得辛苦而不願意去發，但在我們的經營經驗中，發
傳單之於商圈的開發還是非常有效益的，重要的是在於觀念上面
的轉換。

當我們要開一間店，假設每天需要 100 個來客數，那這「每天」「100 個」來客該怎麼來？

還是要重述一個觀念，當我們選擇一個商圈與地點要開店了，在完全沒有人「知道」與「認識」的狀況下是不會有客人的！所以剛開始開店如果沒有開發的動作或者是宣傳策略，很有可能一開店會有一段很慘淡的日子。

那顧客怎麼來？首先一定要先讓他們「知道」，那這個「知道」的動作就猶如以上所談的幾種方式，但針對「發傳單」的部分我們來拆解他的原理。

我們設定了每天要有 100 個來客數，這 100 個來客數當中剛開始一定都是新顧客的比例比較高，我們要獲得首批 100 個客人該怎麼來？

如果我們每發出「100 張」傳單會有 1 個客人因為傳單而來，在這邊我們稱之為「轉換率 1%」，那如果我要有首批 100 個客人，單就發傳單這件事至少我們要發出 10000 張的 DM，以 1% 的轉換率來說才會有 100 個客人上門。

所以要多快的達到有首批 100 個客人上門跟發傳單的「量體」會有很大的關係。

接著第二天同樣要有 100 個客人呢？狀況會有點不同，如果我們的產品、服務都很到位，那首批 100 個客人當中很有可能可以留

下一些顧客，我們先假設首批顧客100個當中留下了30個客人（這30個就是老顧客，開始產生「回購」），那還要補70個新客人，以1%的轉換率來說，還必須要在發出去7000張。

這時候第二天的來客數100人當中就有30個是老顧客，70個是新顧客。假設70個新顧客當中又留下了25位成為老顧客，那老顧客就會有55位。

一樣的第三天如果要再有100位來客數，那就是原本的55位老顧客外還要在45位新客人，就必須再發出4500張傳單。

45個客人中15人變舊顧客，那就顧客就有70位。

第四天必須在發出3000張取得30位新顧客。

光以這樣的傳單數量就是10000+7000+4500+3000=24500張ㄌ！

這個數字算是個大略值，最主要想要讓大家了解至少要執行到這樣的數量才有可能有一開始基礎的穩定量。在這邊計算的顧客留下比例都還算高，如果舊顧客留下比例不高，那傳單執行的數量就必須要再提高。

發傳單最主要是要讓商圈的顧客用最快的速度知道我們在這裡有開店，並且透過一次次傳單的接觸去認識，甚至認識你，唯有快速跟商圈內的顧客熟識才有更多的機會在創業初期取得存活。

以上的比喻是一個概念。在觀念上要跟大家談的是：

1. 不要認為剛開店就會有客人上門，其實在還沒被「知道」與「認識」之前是不會有客人的。

2. 剛開店要非常的積極開發新顧客，要越快達到損益兩平剛開始的積極度非常的重要。

3. 新顧客上門有多少的比例能夠留下，要去提升新顧客轉為舊顧客的比例。

4. 沒有足夠的舊顧客做為基底支撐，無法達到每日的來客目標。

發傳單的有效散播技巧

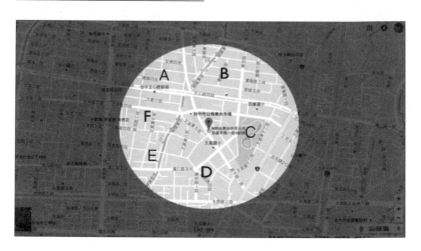

一個商圈要一次全部發完傳單，讓全部的人知道，是不太可能，與其一次發大量之後都不再發傳單，更好的方式是建立發傳單的散播地圖，將商圈內區域切割，然後一次一個區域的去發。

例如：這禮拜一、二、三發 A 區，四、五、六發 B 區，下禮拜一、二、三發 C 區，以此類推，發完一圈大概快一個月，再重覆這樣的循環去發，只要有頻率的去發效果通常會慢慢出來，尤其剛開始開店時一定要發的勤一點，不能只是在店等客人。

傳單 DM 也可以異業結盟

另外，商圈內一定有其他異業在商圈內耕耘了許久，而且他們已經有了穩定的客群，有一些異業雖然業態不相同，但目標客群是一樣的族群，可以去跟商圈內異業洽談是否可以有一些交換價值的方式，可以讓他們協助自己曝光。例如：互相放 DM，又或者在對方那邊的消費憑據（發票或者提供一個優惠卷）可以拿來自己的店換優惠，用這樣的方式協助自己曝光。

這些方式都是我們可以用來開發潛在顧客的方法。

網路傳單：使用社群行銷經營潛在顧客

現在是網路與社群的時代，所以如何使用網路與社群來經營出潛在客戶群，甚至利用自媒體與廣告投放的概念來經營，對於現在

的實體店來說也變得非常重要，後面我們會談到完整的實體店數位行銷概念，利用數位工具來加強店面經營的能力，這也是現代創業者必須要學習的一門課。

現代消費者在在用餐選擇時的習慣通常會上網去做搜尋，所以能否在網路上被搜尋到就變得很關鍵。如果產品力夠強，有部落客願意主動幫忙撰寫文章宣傳當然是最好，另一種方式就是主動出擊，邀請部落客來體驗並撰寫文章。

想要尋找部落客幫忙寫文章，可以加入 FB 社團當中的「部落客接案」社團去尋找部落客接案寫文，但這類的社團屬於封閉式社團，加入時需要審核並且登記資料，也要先讀清楚版規在發文徵求接案者，這樣才不會違反了社團規定而被刪除。

通常邀約方式有分為【有酬邀約】與【無酬邀約】，有酬邀約相對能夠針對一些部落格流量做一些限制，然後提出相對的報酬，但在社團的平台其實要看開價與要求是否會讓人想接案，較屬於自由接案媒合方式。

如果是無酬就是提供一些體驗或者試吃的方式來邀約，以產品做為酬勞的方式，端看部落客願不願意接案。

另一個方式是可以直接找幫人家做口碑行銷的網路公司，通常這類的口碑行銷公司有固定配合的部落客，也會有較標準的報價與提供的有效方案（例如：多少費用提供多少位部落客撰寫文章，有多少流量與曝光量保證等等）。

在選擇部落客時也可以先瞭解部落客本身的社群行銷操作，畢竟現在是社群時代，除了看他的部落格經營外，還要看看他的粉絲團經營是否與粉絲互動良好，粉絲的黏著度與互動性高不高，如果能夠有部落格＋社群行銷雙效果，那這筆預算就能幫助自己做更快速的曝光，開發更多的潛在客戶群。

這其實就是網路時代的另一種傳單。但是別忘了，實體商圈的紙本傳單依然是非常有效且實際的方法。

2-7

如何經營一家店的
老顧客與口碑？

開店經營後，成本最低的業績成長方法，就是用心的經營你的老
顧客，為什麼？又要如何經營？這一堂課中，我將根據自己的真
實經驗，來一一為大家解答。

開發老顧客是更划算的生意

營業額組成第二要件：「新顧客」轉換為「老顧客」。

創業經營店面或者說經營生意，要能夠有穩定的收入來打平支出，
靠的絕對是顧客願意再次上門，成為主顧客，唯有主顧客夠多了，
店才會比較穩定，也才能真正的賺錢！

除非是選擇在觀光區開店，做一次性生意才有可能每天都是不同
面孔的新客人，不然開店做生意慢慢的會是做「主顧生意」。

而且要瞭解到開發新顧客的成本會是經營老顧客的 5 倍以上。

例：前面有提到如果發 100 張傳單可以有一個新顧客上門，100 張傳單一張 0.5 元，那開發一個新顧客的成本就趨近 50 元，但讓老顧客再次上門有時候我們只需要給一點小優惠活動，成本可能不到 10 元就可以吸引老顧客再次回購，相差之下就約略 5 倍的成本了。

新顧客與老顧客的差異在哪邊？

『

一個潛在顧客願意上門購買的流程為「知道」、「認識」、「感興趣」、「實際購買」，這當中的背後影響因素是「信任」。

』

如何快速的讓一個原本不認識品牌的人從「知道」品牌的存在，進而「認識」、「感興趣」，最後願意破除內心的懷疑感，產生信任，實際的行動進到門市消費，這當中的「信任感」取得能力就是一個重要關鍵。因為沒有人希望自己的消費是踩到地雷，所以「解除消費者心中的疑惑點」都是每一位經營者的功課。

然而老顧客因為已經購買過，心中的信任感已經建立，較不需要再取得信任，這個流程當中再花費預算，讓他再次回購的成本

相對也會比開發新顧客低上許多。

所以，當一個新客人願意信任而進到店裡之後，決定他是否再次上門的因素就格外的重要，也是我們花了許多成本好不容易找來了一個客人，他是否成為主顧客，持續消費讓我們投入的開發成本能回來的重要關鍵。

一位顧客如何變成老顧客？

要讓顧客變成老顧客，有幾個關鍵因素。

(1) 產品是否符合預期：

這部分就是產品力的關鍵，產品本身是否有特色、是否符合顧客在「價格」與「使用結果」間的預期，這些決定了他是否願意再次上門。

(2) 服務性：

從進門接觸到服務員、點餐、用餐的整個服務流程，是否使顧客覺得舒服，未必是一定要很高端的那種舒適，而是符合你的品牌定位的那種服務性。

舉例：我們開的是早餐店，早餐店的服務不是餐廳級那種必恭必

敬的服務，而是要有活力、親切感、要能夠跟顧客聊上兩句，當每個顧客都像鄰居的那種感覺，當能利用這樣的服務性，讓顧客覺得好像就是來朋友那邊買個東西的感覺，就能達到我們這間店定位的服務性。

(3) 出餐速度：

影響出餐速度的幾個關鍵點：

1. 人員的對於產品操作的熟練度。

2. 菜單的設計：菜單的設計會影響做餐的複雜度與流暢度，這是許多創業者出餐速度無法提升的一個很重要的關鍵點。

3. 動線的安排：動線安排的不好會導致人力的浪費，所以就必須要利用更多的人去做事，導致人事成本過高而侵蝕掉獲利。

(4) 用餐的氛圍碩造：

現在的消費者選擇用餐除了產品本身的口碑外，對用餐環境的選擇也成為是否再次造訪很大的考量因素，如果能做到顧客願意在店內進行拍照，主動幫忙做出口碑，那店的成長效應就會更加的快速，也會造成口碑效應。

用餐的氛圍如能搭配品牌所要呈現的風格與訴求，結合空間做整

體的傳達，並將自己想要傳達的含義讓消費者瞭解，相信能夠更進一步讓消費者認同並且願意支持與分享。

(5) 人員的訓練所表達出來的氛圍：

服務業是高度仰賴人的行業，也需要多人協作去產生服務氛圍，在實際經驗中告訴我，服務人員所營造出來的氛圍佔顧客是否願意再上門影響非常大。

但要維持好的服務氛圍並不是簡單的要求員工做到制式性的 sop 而已，其中重要的點是：

『
如何去營造工作的氣氛，讓內部工作能夠透過良好的工作氣氛去產生好的服務氛圍，比較難的部分是如何在快樂的工作氛圍與不失禮中產生一個平衡。
』

我自己本身的經驗是有時希望讓員工有個快樂的工作環境，所以我們會有良好的互動，但有時因為太過良好的互動變成了嬉戲打鬧，然後顧客來反而沒有照顧到顧客，讓顧客產生與店內氛圍隔離的狀況，以為工作人員不認真，產生不好的消費體驗，這樣的體驗就會影響他下次再次上門的意願，這部分也是經營者要特別去留意的。

如何讓老顧客提升「回購率」？

開店到一個階段後，實際營收貢獻度高的都是來自於老顧客的回購！且讓老顧客因為已經對於店有了認識與印象，相對於信任度也較高，維持的成本上也相對於開發老顧客來的低，所以經營好「老顧客」並提高他們的回購率在經營上面是個很重要的功課。

談到回購率要更進一步談到「顧客關係管理」。老顧客經營的好，原則設店舖就會越來越穩定，但老顧客該怎麼經營？

在過去零售業，通常做顧客關係管理就是透過加入會員的方式取得顧客的「電話」或者「地址」，然後使用「簡訊」或者「郵件」的方式寄訊息給你，定期的去寄發優惠或者告知你新產品上市，讓你產生回購，這是過去的做法。

但這樣的模式大部份發生在零售業或者較大型的餐飲業，有規模一點的才會做到會員系統。

在做「顧客關係管理」有一個很重要的動作稱之為「取得資料」，但現在的個資法保護的比較嚴謹，在取得資料前也必須要取得顧客同意，相對性取得資料變得比較不容易。

但這幾年「社群」開始盛行，FB 開始有了粉絲團可以操作，現在開店的人都一定知道要去開一個粉絲團，但有沒有想過「為什麼？」

大家其實都知道開粉絲團就是要邀請粉絲來按讚，然後如果店有一些訊息可以透過粉絲團告知大家，其實這就是「顧客關係管理」

的一種方式，只是經營粉絲團其實也有許多技巧，也是現在比較盛行的一種行銷方式「社群行銷」。

過去的小型餐飲店比較少做到顧客關係管理，一個部分是可能不了解顧客關係管理是什麼，另一個部分是沒有好的工具協助。

顧客關係管理其實就是如何經營與顧客間的關係。過去在經營店面通常都是店開門顧客來，然後服務顧客，顧客走了其實也不知道怎麼讓他再回來，通常也聯絡不到人，那當我們今天希望顧客能夠提高回購率時就比較難找到方法。

所以取得顧客的聯絡方式就會變得很重要，不一定是留電話，在現在這網路時代，我們可以透過網路來做顧客關係管理，將我們要傳達的訊息透過網路傳達給顧客，這是現在很常用的方式。

讓老顧客不上門也能經營他的載具

所以首先我們要先有一個「載具」，所謂的「載具」就是讓顧客即便沒有上門，我們也可以經營他，讓他在一個工具或者平台上面，讓我們可以維繫與顧客間的關係，例如：粉絲專業、Line@，這樣的工具上。

將顧客邀請到載具上，讓我們日後如果有訊息可以透過這些工具將訊息傳遞給他們，例如優惠活動、新品上市、店內公告等等，當這些顧客收的到我們的訊息，我們就更有機會可以透過行銷的

方式聯絡到他們，提高他們的回購率。

如果顧客關係做的好，相對的新顧客的開發成本也會下降，顧客的終身價值也會提升。

『

顧客終身價值指的是一個顧客這輩子可能在你這邊貢獻的價值或者金額。

』

例如：一個顧客有可能這輩子會在你這邊消費 10 年，平均一個月會去一趟，一次的消費金額是 1000 元，那一年去 12 趟就是消費 12000 元，10 年就是 120000 元。那這名顧客的終身價值就是 120000 元。

那如果我們想辦法讓他一年從來店消費 12 次提升到 15 次，那顧客終身價值就會從 120000 元提升到 150000 元，這就是顧客關係管理的重要性。

提升回購的一些活動方式：

1. 提供有誘因的贈品，做集點活動

2. 新產品的推出

利用優惠引發先付款，後領取的方式，例如：咖啡第二杯半價，這次喝不完可以寄杯下次來使用（利用寄杯縮短他的購買週期）

口碑：讓顧客替我們做「轉介紹」

轉介紹一詞顧名思義就是顧客願意幫你推薦朋友介紹到你的店裡來消費，也就是所謂的「口碑」。

顧客如果願意主動的去幫忙分享並且介紹朋友到店裡消費，這種效果是最好的。

想想朋友的介紹與體驗常常會成為我們是否消費的重要依據，因為「信任」朋友，在品牌與消費者還沒建立起信任前，顧客的口碑產生的影響力遠遠大過於其他的行銷方式。

口碑雖然是最有效的方式，但需要花一點時間來經營，傳統口碑就是靠著顧客自發性的幫忙介紹，現在的口碑除了顧客自發性的介紹外，也可以利用一些方式來主動出擊，創造口碑，下面我們來分享一些方法：

1. 利用親切感與顧客快速拉近距離，並直接要求幫忙介紹：

開店做生意每天都在與顧客實質接觸，實質接觸最容易感受到的就是有沒有親切感，這是在做門市人員訓練時很重要的一環，如果經營者本身很容易跟陌生人快速的建立起信任感，那生意就容易越快的成長，當中的關鍵就是保有親切的服務。

顧客上門時的寒暄是不可少的，如果服務的年齡層較大，那國台語的語言能力也會影響親切感的建立，再者與顧客的互動不要太

僵化，如果顧客聊的來就與他聊上兩句，像我們賣早餐會用一些較常用的問句：要去上班嗎？今天天氣很冷厚！帶小朋友去上課嗎？

利用這樣的問句來打開一開始的話題與破解等待時的僵局，有時候顧客等待的時間中如果願意跟你聊上兩句會讓他覺得不會等太久，這是一種焦點轉移的方式，也藉此與顧客培養關係，了解他更深入的狀況（例如：幾個小朋友，東西買給誰吃的），當能夠了解到這樣的狀況顧客就會越信任，就比較容易幫忙做轉介紹，好一點的客人可以多開口邀請他協助轉介紹，有時送他們個小東西都會很願意幫忙介紹。

2. 請部落客攥寫文章：

部落客行銷也算是個行之有年的行銷方式，但找部落客合作還是有一些需要注意的地方，尤其現在是社群時代，部落客除了本身的部落格流量外，是不是同時有在經營社群關係，擁有社群影響力也成為與部落客合作的一個參考依據。

部落客攥寫文章通常有兩種動機：日常貼文與付費貼文。

日常貼文：日常的貼文是部落客自己會主動找題材撰寫的文章，這部分是部落客希望藉由一些特殊亮點來為自己創造流量用，會成為部落客通常都是對某個議題有高度的關注，然後透過撰寫文章來分享，漸漸地去培養出對這個議題有興趣的讀者，所以部落

客有一個很關鍵的利基就是「擁有議題相關的忠實粉絲」。

如果覺得自己的東西非常有賣點，可以引起部落客無償幫你撰文，那可以與部落客談看看招待他產品試吃，詢問是否願意幫忙撰文，有些部落客是會願意透過試吃覺得產品不錯不另外收報酬幫忙撰文。

付費貼文：部落客其實也能是一種行業，當部落客影響力夠大，自然能利用他的影響力來幫人推薦介紹，也就是所謂的「業配文」，但是業配文的撰寫技巧如何在商業與粉絲間取得平衡是部落客本身重要的功課，因為如果介紹的東西不夠好，粉絲就會產生不信任感，所以有些部落客即便在選擇收費寫業配文時也會特別小心，因為其實他們在賣的就是長期經營與粉絲間的信任感。

找部落客做口碑行銷的有效與否，會建立在「部落客經營的領域是否夠專精」、「流量的精準度是否夠高」這兩個部分。

部落格的日流量越高相對的收費就有可能越高，坊間也有專門在幫人家做口碑行銷的公司，這些行銷公司與較多的部落客做配合，可以協助規劃整體策略上面的使用，也是要做口碑行銷的一個參考。

所以我們找部落客撰文行銷，就是因為部落客經過長期累積出了某個領域的忠實粉絲，這群粉絲剛好是我的目標客群，所以利用部落客文章來讓這群人快速的去看到，一個部分是協助訊息曝光，

另一個部分是藉由部落客的影響力與信任感來做到快速口碑散播的方式。

一般人吃的好吃，可能只跟一兩個朋友介紹，但部落客如果影響力夠大，一次可能就跟幾千幾萬人介紹，影響力是完全不同的。

3. 透過工具的分享功能，規劃活動觸發分享：

社群時代所帶來的優勢就是人與人間的互動透過網路變得更加的平凡，以前要瞭解朋友的現況可能需要透過實際上的碰面接觸、聊天才能得知，但現在透過網路社群，即便朋友遠在國外，透過他的分享也可以了解到他的現況。

現在的人或多或少都會使用社群工具，即便是爸爸媽媽級的也多少都會使用，只是不一定那麼懂社群規則，但基本的瀏覽與發言也是都會的。

所以今天在規劃產品與店內佈置時，也可以往是否有引起人家拍照分享的賣點上面去做規劃。

規劃活動來觸發轉分享也是一種方式，例如：只要顧客願意拍照，並打卡標注地點，分享上個人粉絲網頁就能獲得贈品。

或者使用 Line@ 發送優惠卷讓顧客可以轉分享給他們的朋友，用一點誘因來吸引幫忙轉介紹與來店消費，這些都是可以在社群上面去做使用，也是比較屬於經營者能夠掌控較主動式的出擊方式。

如何經營你的顧客？

以上這些都是針對如何去創造來客數的一些基本認知，所以從這幾個認知當中回歸到經營思考上，我們可以常用幾個問句來思考：

1. 該如何找到潛在客群？該怎麼培養潛在顧客？

_____

_____

2. 該怎麼讓這些潛在顧客來做第一次的消費？

_____

_____

3. 新顧客第一次上門會在意的地方是什麼？我該怎麼讓第一次上門的顧客願意再次上門？

_____

_____

4. 我如果有新產品通知該怎麼讓我的顧客知道？我平常有在做顧客關係建立嗎？

_____

_____

5. 該怎麼提高他的回購次數？

_____

_____

6. 如何引發顧客的轉介紹？

_____

_____

如何規劃開店前的
營業策略？

所謂經營，就是用策略達成獲利

在我們了解了營業結構之後，接下來要學習去設定營業目標與擬定一些執行策略，所謂「經營」就是：

『

設定獲利目標後，不斷的去思考達成策略。

』

管理自己執行策略的執行力，透過一次次的策略擬定與執行來達成所設定的營業目標，達到獲利狀態。

如何精算你的獲利目標？

假設我們今天設定了一個獲利目標，希望一個月能夠進帳 7 萬元，
回推一個月的營業目標需要做到 40 萬元的營業額。

損益表				
銷貨收入				
銷貨收入			$ 400,000	100%
-)銷貨成本				
			$ 160,000	40%
銷貨毛利				
			$ 240,000	60%
-)營業費用				
水費			500	0.1%
電費			8000	2.0%
電話費			300	0.1%
員工薪津			120000	30.0%
租金費用			30000	7.5%
瓦斯			3000	0.8%
廣告費			2000	0.5%
稅金			1000	0.3%
雜支			1000	0.3%
書報文具費			500	0.1%
五金用品			500	0.1%
營業淨利				
			$ 73,200	18.3%
-)營業外支出				
本期淨利				
			$ 73,200	18.3%

當瞭解月營業目標為 40 萬元後，我們必須進一步知道一個月要做
到 40 萬元，那平均每天要做到多少錢？

可以用一個 Excel 表來試算每日營收、來客數與客單價（如圖），通常餐飲業的平日營業額與假日營業額不會一樣，一般來說假日會比平日好（除非開在目標客群單純都只有上班族的地方，假日休假不上班，這樣的商圈比較會平日比假日好）。

一般以我們的經驗假日的營收狀況約是平日的 1.5~2 倍，所以我們可以用這樣的方式去試算。

	營收	來客數	客單價
1	11000	110	100
2	11000	110	100
3	11000	110	100
4	11000	110	100
5	11000	110	100
6	21000	140	150
7	21000	140	150
8	11000	110	100
9	11000	110	100
10	11000	110	100
11	11000	110	100
12	11000	110	100
13	21000	140	150
14	21000	140	150
15	11000	110	100
16	11000	110	100
17	11000	110	100
18	11000	110	100
19	11000	110	100
20	21000	140	150
21	21000	140	150
22	11000	110	100
23	11000	110	100
24	11000	110	100
25	11000	110	100
26	11000	110	100
27	21000	140	150
28	21000	140	150
29	11000	110	100
30	11000	110	100
31		125	120
	410000		

以月目標 40 萬來說：

平日約需要做到 11000 元，假設客單價 100 元，來客數需要 110 人。

假日約需要做到 21000 元，假日的客單可能會比較高，設定為 150
元，來客數則需要 140 人。

平日			
	來客	客單	營業額
6到7	10	80	800
7到8	25	80	2000
8到9	25	90	2250
9到10	10	90	900
10到11	15	130	1950
11到12	15	130	1950
12到13	10	130	1300
總數	110		11150

假日			
	來客	客單	營業額
6到7	10	150	1500
7到8	30	150	4500
8到9	35	150	5250
9到10	15	150	2250
10到11	20	150	3000
11到12	15	150	2250
12到13	15	150	2250
總數	140		21000

拆解到日營業目標還不夠，每天的營業目標其實是每個小時的來客數來組成，實際經營後會發現每個時段的消費習性與需求其實不太一樣，如果我們可以因應每個時段不同的需求點去做一些營業變化，滿足每個時段不同的需求，那在經營策略上就可以更加的活化。

如何分析不同時段營業需求？

下面我用早午餐店為例，規劃給大家看看。

6~7 點時段：父母或學生

這個時段的消費者通常都是一些父母親，出門為家人或者家中有還在上學階段的小朋友準備早餐，父母親年齡層通常在 40~60 歲之間，因為要買全家人的，通常這個階段的父母親較有經濟壓力，所以對於早餐都會有一些預算控制，都是買可以吃飽，經濟又實惠的產品，但是一次買都是一家子的量，所以客單價雖低，但購買件數會比較高。

這個時段以外帶為主。

還有一些要搭公車的高中生也較會在這個時段出現，消費力道也比較沒那麼強，但屬於較經常性消費者。

7~9 點時段：上班族

這個時段通常都是上學或者上班族，講求的就是需要快速，因為要趕上班，通常會拿現成的一些產品，所以這個時段可以多做一些現成產品供趕時間的顧客拿取，快速結帳，以外帶為主。

這個時段也大部分都是買個人的早餐，但是消費預算會稍微比較高一點，比較能接受較高價的商品，也可以多推動顧客使用電話訂餐或者用 APP 點餐，可以選擇自己想吃的又可以到店就拿取。

9~11 點時段：休閒時段

這個時段通常較屬於離峰時段，會在這個時間出現的通常是一些家庭主婦或者較屬於自由業態，比較沒有時間的限制，這個時段的顧客通常消費力道會比早餐時段更高一點，通常有的會希望有可以坐下來用餐的需求，這個時段就較宜推出一些屬於套餐類型，可以供內用享用。

有的人也會選擇早餐午餐一起吃，所以有兩餐的預算可以分配，金額就能接受較高定價，但想要滿足的可能是一種『吃比較好』的感覺。

11~13 點時段：上班午餐

午餐的時段，屬於上班族會要外帶，如果商圈內有辦公大樓會有一批中午時段大量出現的現象，近一點的會內用，遠一點的會選擇外帶。

假日 6~8 點時段：準備出遊

假日的部份的消費習性又不太一樣，會有一些要出去玩需要帶早餐的族群，通常出去玩帶的數量會比較多，所以會有較多一次量比較大的外帶單。

假日 8~10 點時段：家人朋友

大部份假日會睡比較晚，這個時段出現的都是先出來吃早餐再出去活動，也有可能一家人一起出來吃早餐或朋友相約早餐。

假日 10~13 點時段：早午餐

假日的這個時段都較屬於早午餐時段，可以接受單點金額比較高，兩餐一起吃的概念，內用居多。

根據需求分析擬定營業策略

訂定營業目標與策略的順序如下：

1. 訂出月營業目標

2. 將月營業目標分解成日營業目標

3. 再將日營業目標分解成時段營業目標

4. 針對每個時段可能發生的習性去做一些分析，設計每個時段不同的服務並擬定策略。

較重要的是第 4 點，因為一般人的經營有可能用整天相同的模式去提供服務，但是其實每個時間點會出現的客人他們的消費動機與需求不一定一樣，如果能更進一步了解商圈內的消費者動態，然後針對每個時段去提供一些差異化服務的策略，這樣較容易滿足每個時段不同需求的消費族群！

做這樣的分析時也會幫助自己去觀察商圈內的客群分佈狀況與動態，透過這樣讓自己更清楚的知道該如何經營商圈。

但這邊有一點必須要非常清楚，雖然是切割時段策略去思考每個時段的消費族群，但不是非得每個時段都提供不一樣的商品，這樣會造成自己經營上面的困難度提升，還有備料性不容易統一的問題發生，思考的方向還是在原本的定位當中去做出一些變化，針對不同時段去做一些服務上的改變或餐點上的改變。

營業目標設定的注意事項

1. 設定的目標不能離現階段狀況太過遙遠

設定目標的目的是為了讓團隊有一個方向可以去思考如何去達成，但是太過於高的目標會使人直接有放棄的想法，而不會真正認真去思考該怎麼去達成。

最好的方式是用比上個月或者去年同期成長幾%做為一個依據，一般月目標設定約設定較前月或者去年同期成長個 10%~20% 較為妥當，太高的目標會沒有想要達成的動力，太低又失去了意義，所以在設定目標時要掌握這項要點。

2. 設定完目標必須要做團隊佈達

許多經營者在設定完目標後，其實只有自己知道為什麼設定這樣的目標，又或者只是跟團隊說一個數字，但其實當一間店請了員工就是一個團隊，用團隊的力量去達成絕對比個人努力還要重要。

跟團隊佈達的目的最主要是讓團隊有一個共識，大家有共同的目標然後最好共同去思考，並且提出一些可以達成目標的方法，讓員工參與其中，一方面有參與感，二方面能真正學到東西，三方面在達成目標後會有共同的喜悅，這其實才是一個團隊最珍貴的地方。

共同達成目標絕對會比自己訂目標，然後自己想辦法，然後怪員工為何都不努力不思考來的好太多了。

所以許多經營者犯的錯誤其實都是自己訂、自己想、自己做，員工沒有參與感，學不到東西，然後最後選擇離開，造成高流動率，最後也因為高流動率目標往往無法達成而導致虧損，這是許多經營者在還不會領導與管理團隊容易犯的錯誤。

3. 達成目標後的獎勵與慶祝

獎勵與慶祝是個很重要的動作，我們常會看到一些馬戲團或者是訓獸師，在訓練毛小孩做一些握手、坐下的動作時，很重要的是當他們達成指令後會給予食物當做獎賞，並且摸摸他們告訴他們做的很棒。

獎賞與鼓勵其實是達成目標後很重要的動作，所以在達成目標後不要吝嗇的去與團隊分享，或者鼓勵與慶祝一番，這樣會更提高士氣，讓大家更願意為團隊付出，共同去達成目標。

製定你的營業目標

每個月要做到的營業額＿＿＿＿＿＿＿＿＿＿＿＿＿＿＿＿＿＿＿

每天要做到的營業額

平日：＿＿＿＿＿＿＿＿＿＿＿＿＿＿＿＿＿＿＿＿＿＿＿＿＿

假日：＿＿＿＿＿＿＿＿＿＿＿＿＿＿＿＿＿＿＿＿＿＿＿＿＿

每個時段預估的營業額

＿＿＿＿＿＿＿＿＿＿＿＿＿＿＿＿＿＿＿＿＿＿＿＿＿＿＿＿＿

＿＿＿＿＿＿＿＿＿＿＿＿＿＿＿＿＿＿＿＿＿＿＿＿＿＿＿＿＿

＿＿＿＿＿＿＿＿＿＿＿＿＿＿＿＿＿＿＿＿＿＿＿＿＿＿＿＿＿

每個時段的消費族群與消費習性

時段＿＿＿＿＿族群＿＿＿＿＿＿＿＿＿習性＿＿＿＿＿＿＿＿

時段＿＿＿＿＿族群＿＿＿＿＿＿＿＿＿習性＿＿＿＿＿＿＿＿

時段＿＿＿＿＿族群＿＿＿＿＿＿＿＿＿習性＿＿＿＿＿＿＿＿

針對每個時段的族群與習性我所擬定的策略是

時段_____族群_____習性_____

時段_____族群_____習性_____

時段_____族群_____習性_____

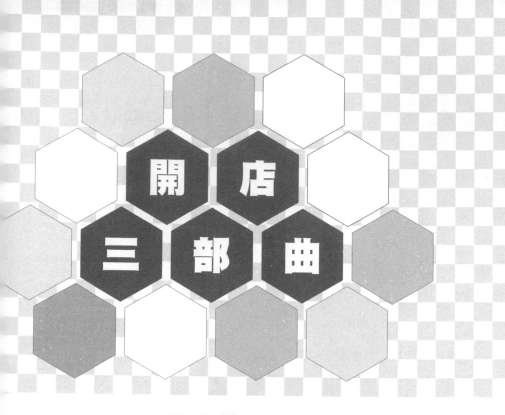

開店三部曲

創業之後，
如何經營？

前面我們經過了創業的點子發想、市場定位、資金準備，然後進行了店面評估、定價決策、顧客策略等階段，終於進入開店之後的營業了，這時候，真正的戰場才要展開，最後一部曲，就讓我以自身的經驗，來分享開店之後必須知道的幾件事。

開店後經營的
最緊急任務？

開店之後，千頭萬緒，哪些步驟是我們一開始就要注意的呢？我從自己的經驗，列出幾個實體店面營運後的關鍵任務，讓你一開始營業後不至於手忙腳亂，或是走錯方向。

當前面的所有的籌備都已經確認完畢，店也施工完畢，開始進入經營面，那到底經營面要注意哪些事情與做哪些事情呢？

如果是第一次開店難免在剛開始會緊張慌亂，能用多少時間把整個營運步上軌道，也就攸關了後續的獲利狀況，這邊我們來談談開了店之後要注意的事情與優先順序。

1. 人員的產品操作速度與標準流程

如果沒有開過店的人，很難在開店前就規劃好產品製作的 SOP（標準作業流程），或者將整個開店的流程操作 SOP 制定出來，通常是開店後一步步的去建立起作業標準，但比較好的方式最好還是能在開店前將產品製作的 SOP 給製定出來。

這邊有一個我的餐點調理使用格式攥寫方式，提供給大家參考。

調理手冊的攥寫並不會很困難，但要將每一個產品都寫出來並教會每一個成員都會操作，就需要花費一點工夫與時間，產品的操作方式是確保每個人的製作方式與認知相同，確保品質的一致性。

產品名稱	招牌套餐
前置作業	花椰菜（10克）、磨菇（5克）、甜椒(5克)、玉米筍（5克）切丁備用
	蘋果（2片）、小黃瓜（2片）切片備用
	將捲餅皮對切備用（一份一片對切）
	地瓜泥備用（冷凍地瓜泥使用平底鍋加熱結合即可）
調理順序	
1	將切丁綜合蔬菜3匙（約30克）放入平底鍋
	加入義式香料拌炒至香味出來
	加熱後加入10克青醬拌炒。
2	取出墨西哥捲餅
	鋪上焗烤絲（20克）
	放上步驟一炒好的綜合蔬菜
	鋪上焗烤絲（20克）
	蓋上另一半的墨西哥捲餅，放入烤箱烤3分鐘（烤箱先預熱30秒）。
3	炒蛋，炒完放入盤式中，撒上義式香料
4	馬鈴薯110克炸2分鐘，炸好後放入盤式中，灑上海鹽。
5	盤式中放入美生菜15克，蕃茄兩片，切片蘋果兩片，小黃瓜兩片。
6	將烤好墨西哥捲餅切成四等份放入盤式內。
7	沙拉旁放上油醋醬
8	挖一球地瓜泥放入小碟子放置盤式中
9	完成

2. 經營者的抗壓性與領導能力

實際真正開了店，會遇到比較大的難處是當客人湧進時的心理壓力，與整個團隊的協作能力，這個部分是經營者必須不斷去訓練團隊並且調整的。

在剛開始開店的過程難免會有忙而產生亂的現象，這時候身為經營者必須要透過每天發生的狀況跟團隊去做檢討，並提出改善方案，用最快的速度去做調整。

另一個部分是當現場忙亂時，經營者本身要有控場能力，去控制現場的氛圍，去觀察團隊狀況並且調節氣氛，讓大家解除心理壓力並回到正常狀態，這部分其實是最難的，場控能力是經營者一開始最需要學習的能力，因為當顧客願意上門給予機會，服務的品質與氛圍會決定他們是否願意再次上門！

所以在那個當下現場指揮官的能力決定了整個服務品質的輸出能力，也是一開始開店創業最需要訓練自己去達成的地方。

3. 訓練經營者的場控能力

通常現場會失控都是因為顧客大量地湧入，然後失去了順序，接著顧客的情緒上升開始產生客訴，然後現場氣氛越來越緊張，導致越來越亂的現象產生。

這個時候現場指揮官要做幾件事：

先調整自己的心情：

讓自己的心情回覆到較平靜階段，深呼吸，先讓自己冷靜下來。

安撫顧客情緒：

最好的狀況就是先告知現場顧客目前的狀況，不一定要硬接單，已經在等待的顧客讓他們知道已經在加緊腳步幫他們製作產品，如果需要等待時間較久也誠實告訴顧客，讓顧客選擇是否願意等待，顧客如果願意等待內心至少有個預期心理，就比較不會引起情緒反應，如果無法等待的自然會選擇離開，雖然當下做不到他生意，但至少顧客不會有太大的情緒而造成下次不來購買。

對於新進來的顧客告知需要等待時間：

讓他們了解現場狀況，選擇是否願意等待。以一般常態性生意門市的人力配置通常都是固定，所以每個小時的最高生產值會有一個天花板，當接單量大於最大產值天花板時，其實就會產生產出無法滿足的現象，這時候如果硬接單反而會造成顧客抱怨或者消費體驗不佳的現象。

開店做生意的重點會回歸到顧客這次消費完體驗不錯而願意持續再來消費，而不是做一次性生意，所以最好的狀態還是先接下可以胃納的客容量，維護好整個消費體驗，這樣才有機會讓顧客回購，店才會越來越穩。

如果一開始為了做生意而一次接收太多的顧客量造成品質與體驗不佳，那開店的蜜月期就會很短暫，一旦蜜月期過了之後就會產生來客下滑而無法挽救的現象發生。

調整內部團隊氛圍：

越緊張的狀態其實工作效率越差，現場壓力越大出錯機率越高，所以這時候現場指揮官要去調整內部的工作氛圍，切勿用罵的去責怪為什麼出餐太慢，這是很多老闆很容易有的狀態，但這樣只會造成反效果，讓團隊更緊張，更亂。

要反過來去調整團隊氛圍，讓大家回歸平常心去作業，去把協作感給運作出來，這是現場指揮官很重要的工作。

4. 進行檢討會議

經營就是不斷的去看見問題，並且找出解決問題的方法持續的去改善，透過一次又一次的改善去提升整體營運體質。

透過每天發生的事件來引導團隊去討論與提出改善方式是一個團隊共同成長很棒的方式，但是自己本身要有「引發」這樣的事情發生的能力。

我比較常用的方式是在營業當下並不會立即去糾正些什麼東西，以前剛開始在經營店時，較常發生的狀況是看到不順心的事情就會開始念開始罵，但這樣的方式常常會讓整個工作氣氛變得很僵，大家不講話或者是做起事來變得沒有動力，一段時間後發現這樣的狀況反而無助於業績，甚至會讓顧客來店裡時覺得氛圍很差，服務很差而不想來，所以漸漸的調整了方式。

在工作的當下我如果發現問題會先拿紙筆記錄下來，然後私底下找當事人去做溝通，如果是團隊問題就會招開個小會議，把發現的事情與問題提出來，與團隊去討論該怎麼改善這樣的事情，這樣子一來團隊透過了一次次的事件獲得來成長，然後問題獲得了改善，這樣店的營運才會日益上升，而不是落入惡性循環當中。

開店比較怕一件事，就是生意不好時老闆情緒化，沒事就開始找問題，有時候是趨近於找碴，搞得工作氛圍很差，員工離職率高，員工離職率一高餐點的品質與服務的品質必定下降，勢必業績會更不好，然後老闆心情又更差，最後導致營運不下去而收店的狀況發生。

所以很多時候營運不佳未必是產品不佳，也未必是行銷不佳，而是內控沒有做好，更深一步說是經營者自己本身還沒有學會怎麼去應對創業的每一天，那種業績變化間所牽動的情緒變化，這就是一種修煉，其實也才是創業成功的一種關鍵。

5. 建立各項工作作業流程

當店面開始營運之後，一開始可能還會面臨必須很臨時性的因應現場狀況去調整作業流程的階段，當營運較上軌道，對於作業流程較熟悉之後就必須開始建立一些作業流程。

建立作業流程的目的一部分是讓自己在開店到閉店的過程當中有一個依據，避免混亂，也是提醒自己在哪個時間點要做哪些事情，這樣可以縮短團隊的混亂期，也可以從建立流程當中去思考流程的改善來提升效率，唯有效率的提高才能將人效提高，也比較流得住客人。

另外是在教育新進員工時會有一個教育訓練依據可以依循，也會讓新進員工覺得這是一間有制度的店，才會想要留下來求發展。

一般要建立的作業流程項目有幾項：

開店流程

每天到店裡的開店準備作業，各工作站的準備流程。例如：

內場工作站

5:30~5:40 煮紅茶、綠茶、裝熱水

5:40~6:00 煮豆漿、薏仁漿

6:00~6:10 煮醬料

6:10~6:20 簡單整理內場，將用到器皿先清洗過

外場工作站

5:30~5:40 開鐵門、將桌椅就定位並擦拭、將工作台要使用器具與
食材就定位

5:40~5:50 煎三明治要用到的料

5:50~6:10 包三明治

6:10~6:20 將桌椅擦拭一遍

離峰

切菜（切菜項目與數量）

備料（備料品項與數量）

叫貨

檢查包材是否足夠需要補

現場是否有髒的地方需要清潔

閉店流程

內用餐具清洗（清潔項目與清潔重點）

內場工作站整理（清潔項目與清潔重點）

外場工作站整理（清潔項目與清潔重點）

檢查明日使用食材、包材數量是否足夠

檢查瓦斯是否有關

桌椅清潔

生財器具店員關閉
閉店

這是流程的一個簡單範例，內容的細節可以依據自己業態的工作流程去編製，編製流程要去思考的部分是一個新人第一天來上班時，你要怎麼帶他，除了口頭教育他怎麼做之外，是否有一個參考依據可以讓他直接看著去執行，也就是提醒他忘記的時候可以去了解的手冊，這樣在教導新人上面就比較不會有「我有教過但是員工不斷忘記」這樣的問題與感受出現。

其實有時候在經營管理上是經營者自己本身在系統建立上必須要檢討，而不只是單方面員工的問題。

6. 善用科技系統與設備提升效益

回想一下，當我們今天進入一間早餐店時，是否會發現店裡的做餐人員要做餐，要記單，然後跟店裡的人溝通大部份是用喊的，人只要一多就會忙亂不堪，亂成一團，最後顧客產生情緒，工作氛圍也感到壓力很大。

這其實就是我們過去經營時的寫照，也讓我們很頭痛了好一陣子，後來慢慢的導入一些科技與提升設備，能夠利用科技或者設備取代人力的地方就盡量取代。

這樣有幾個好處：

降低人事成本：

不要覺得降低人事成本就是苛求員工，其實如果能夠利用一些科技或設備降低人員運用，本來需要四個人工作，導入科技與好的設備後如果能降為三個人，那其實能夠提供更好的薪資條件給三個人，這樣反而更留得住員工。

降低作業複雜性，訓練人員容易：

過去我們在訓練一個員工其實必須要花許多時間，尤其是櫃檯的訓練更加的不易，因控制全場，有些傳統生意的老闆為什麼自己要站櫃檯就是這個原因，因為太過複雜，難以複製，但如果能導入一些科技系統降低複雜度，人員訓練起來就會快上許多。

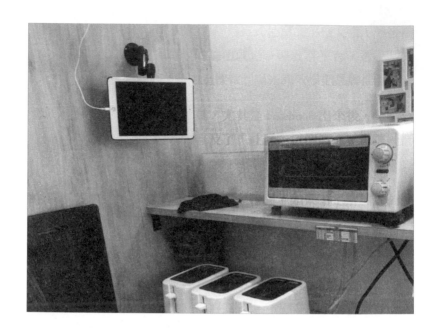

提升人員效益與降低客訴：

例如我們在 2016 年時開始導入了 APP 點餐系統，讓顧客能夠透過 APP 點餐，這樣大大的減少了我們接電話的次數，一天如果少接 10 通，假日少接個 20 通電話點餐，這樣人員就能用更多的時間在 做餐上，出餐效益也會變得比較好，也不需要與顧客確認單子，有時候在電話中表達或聽的不清楚，還容易點錯單造成客訴，利用 APP 點餐後大大的降低了這樣的問題。

另一個部分我們在各工作站也都放了一臺店內餐飲系統，今天顧客與櫃檯點餐後，每個工作站可以看到自己要做什麼，這樣也大大的降低了用記的、用喊的，導致容易忘記或者忙亂的狀況發生，

提高了效率，降低了出錯率，這些都是可以透過科技來改善的。

這些都是利用一些科技系統帶給我們的好處，好的系統會幫助我們優化整體作業模式，也會變得比較容易獲利。

3-2

要如何製作店內的
財務報表？

當一開店之後，無論是店裡的營收好，還是店裡的營收不好，對經營者來說都是必須調整營業策略的地方，只有逐步調整，你的店面才會更快上軌道，所以這一課，就要教大家如何透過最精確的數據，來調整自己的營業策略。

在前面我們有談到，創業前必須先做財務的預估，而在開店之後報表的記錄與分析更是重要，因為那是一家店有沒有賺錢的依據，也是分析店裡面的狀況最重要的數據。

創業者必須對於數據保持高敏感，因為許多的問題、策略，都是從數據中去發現與思考，所以從日常每日的進出帳記錄，到每月結束的報表製作、分析，都是非常重要的動作，必須要確實去做才有辦法從數據中找到問題，解決問題，讓營運能夠步上軌道。

那該如何記錄日報表到最後整理成月報表呢？

製作一張每日收支記帳表

首先，可以用Excel製作一張記帳表，如下圖：欄位分別為「月份」、「日期」、「收入」、「支出」。

月	收入		支出												
	營業收入	營業外收入	成本支出(本月進貨)							管銷支出					
日期	營業額	其他收入								瓦斯	書報文具費	五金/清潔用品	水電/電話費	修繕費	其他支出
1															
2															
3															
4															
5															
6															
7															
8															
9															
10															
11															
12															
13															
14															
15															
16															
17															
18															
19															
20															
21															
22															
23															
24															
25															
26															
27															
28															
29															
30															
31															
總計															
百分比															

店別：　　店主管：　　月 收 支 表

支出又分「成本支出」與「管銷支出」。

日常每日發生的收入與支出項目都要確實填寫，這樣報表才能夠較精確的展現以檢討並改善。

比較要特別注意的是「成本支出」與「管銷支出」欄位的填寫方式。

成本支出例如：食材、包材類的支出，與營業有直接連動發生的成本。

管銷支出例如：水電瓦斯、書報費、人事費、租金費用、雜支等等。

當每個月的收入與支出帳記錄下來後，接著必須製作報表，將原本的流水帳整理成簡易的損益表，了解店的盈虧狀況。

製作一張每月損益報表

這裡比較要特別注意的地方是，我們每個月進貨然後做成產品賣出去，但一定有「庫存」，每個月的庫存數量會影響到我們報表上面的「成本」與「毛利」數字。

舉個例子：假設一月底還有 1 萬塊的存貨，然後 2 月份叫了 3 萬塊的貨，但實際上 2 月份用掉了 3 萬 5 千元的貨，2 月底盤點庫存剩下 5 千元的庫存，所以 2 月份的成本應該是 3 萬 5 千元。

但是流水帳上面只有記錄到 2 月叫貨叫了 3 萬元，如果這時後只用 3 萬元做報表呈現在成本，那這個月實際成本是比較低，毛利會比較高，報表也就失真了。

月	收入						支出								
	營業收入	營業外收入			成本支出(本月進貨)							管銷支出			
日期	營業額	其他收入									瓦斯	書報文具費	五金/清潔用品	水電/電話費	修繕費	其他支出
1																
2																
3																
4																
5																
6																
7																
8																
9																
10																
11																
12																
13																
14																
15																
16																
17																
18																
19																
20																
21																
22																
23																
24																
25																
26																
27																
28																
29																
30																
31																
總計																
百分比																

店別：　　　　店主管：　　　　月 收 支 表

損益表

銷貨收入						
	銷貨收入				$ 340,000	100%
-)銷貨成本						
	月初存貨A				$ 100,000	
	本月進貨B				$ 150,000	
	月末存貨C				$ 115,000	40%
	銷貨成本D				$ 135,000	
銷貨毛利					$ 205,000	60%
-)營業費用						
	水電費/郵電費(電話費)				$ 9,000	3%
	員工薪津				$ 120,000	35.3%
	租金費用				$ 25,000	7%
	瓦斯				$ 4,500	1.3%
	稅金				$ 1,500	0.4%
	雜支				$ 3,000	0.9%
總費用					$ 163,000	
營業淨利					$ 42,000	12.4%

所以通常在月底時會進行一次「盤點」，稱為「期末盤點」，然後會取得「期末存貨（也等於下個月的期初存貨）」，最後在報表的計算上有一個公式：

「期初存貨」＋「本月進貨」-「期末存貨」= 銷貨成本。

也就是說我們的「銷貨成本」計算必須要去「加減庫存量」的金額，這樣出來的報表才會比較精確。

損益表					
銷貨收入					
	銷貨收入			$ 340,000	100%
-)銷貨成本					
	月初存貨A			$ 100,000	
	本月進貨B			$ 150,000	
	月末存貨C			$ 115,000	40%
	銷貨成本D			$ 135,000	
銷貨毛利				$ 205,000	60%
-)營業費用					
	水電費/郵電費(電話費)			$ 9,000	3%
	員工薪津			$ 120,000	35.3%
	租金費用			$ 25,000	7%
	瓦斯			$ 4,500	1.3%
	稅金			$ 1,500	0.4%
	雜支			$ 3,000	0.9%
總費用				$ 163,000	
營業淨利				$ 42,000	12.4%

如何從你的報表找出經營問題？

分析出報表之後，我們必須要針對報表所提供的數據來分析經營
上面的問題還有後續必須要制定的方向。

大部分的人都知道做生意營收要越高越好，但實際上營收高不代
表一定賺錢，營收少也未必代表不會賺錢，一切都看我們如何去
控制數據。

先從毛利率來談，餐飲業的毛利率大概在 50%-70% 都有人操作，
最主要還是要看業態與呈現方式是否有足夠的價值去拉高毛利。

過去的薄利多銷就是利用低毛利但高銷售量的方式去做為策略，
但是我們要去了解毛利的高低對經營其實有很大的重要性。

如果以 30 萬的營收來說，毛利差 10% 一個月就差了 3 萬元，如果
以毛利率 50％來說，這 3 萬元就代表了 6 萬元的營收。

也就是說 36 萬毛利 50%，與 30 萬毛利 60％，實際上的毛利額是
一樣的。

以台灣現今的勞動趨勢與經濟趨勢（房地產造成的租金提升），
低毛利要能夠獲取的生存條件越來越嚴苛，因為經營費用不斷的
提升，加上食材成本也一直都是向上的趨勢，所以開店勢必要從
毛利先著手。

從提升毛利著手去改善營收

那該如何針對毛利去做改善？如果一開始毛利訂的不夠高該怎麼做？這些都是經營上面會遇到的問題與要處理的問題。

提升毛利的幾種方式：

一、產品分級：

在制訂每樣產品時一定要精算每樣產品的成本、毛利與售價，然後將其製作成產品毛利表，清楚的知道每件商品的毛利。

將商品分為 A、B、C 等級。

A 級商品：高毛利、高銷售，這類商品要當成店內的主力商品來推，因為他會是提高整體毛利重要的商品組合，賣的越多，整體毛利越高。

B 級商品：高毛利低銷售或低毛利高銷售，這類商品可能在「毛利」與「銷售」兩者間有一個較高一個較低，這時候可能要瞭解為何高毛利的商品為何銷售量低，是顧客不知道嗎？如果是顧客不知道那可以做一些短期促銷讓顧客知道這商品，然後在看後續是否有辦法提升銷售量。

如果是高銷售量但低毛利的商品，不仿試著調整價錢，讓他的毛利能夠提升，不要害怕調整價錢，要知道低毛利商品賣的好其實

也是拉低了整體的毛利，要試著讓 B 級商品能夠變成 A 級商品，藉此提升整體的毛利率。

C 級商品：低毛利也低銷售，這類商品必須毫不猶豫的從菜單中剔除，因為這樣的商品貢獻度極低，佔了菜單版位增加複雜度也拉高了備貨庫存，所以這類商品盡可能直接剔除掉。

二、推出較高毛利的新產品

第二種方式算是慢慢的漸進式提升毛利的一種方式，就是利用推出高毛利商品，汰換低毛利商品的方式慢慢的讓菜單整體毛利能夠逐步提升。

三、調整價格

第三種方法就是直接調整價格啦！這部分對於許多在經營店的人來說，總是會有一些壓力，深怕提升價格後客人就不來了，也因為有這樣的壓力所以許多經營的人毛利都慢慢的被壓縮掉，最後也是經營不下去。

所以平常必須要去建立自己的競爭力，提升顧客對於店的信任度或者是黏著度，必須更用心的去經營讓顧客覺得真正需要，這樣調整價格的衝擊力道才會小一點。

除了流水帳，你還應該記住這些東西

除了每日記流水帳的報表外，還有一些數據是必需要被記錄下來做分析的，可以做一張用來記錄這些數據的工作日誌表，將這些數據記錄下來做觀察與分析，也好讓團隊知道整體營運狀況，可以一起思考對策並努力。

這張表的內容與記錄方式如下：

「日期」每日日期。

「星期幾」

「預估營收」：每月設定的目標分解為日營業目標記錄於每日預估營收中。

「實際營收」：每日實際的營收。

「達成率」：每日實際營收 / 每日預估營收

「每日來客數」：每天的來客數。

「客單價」：每天的客單價。

「月營收累積」：實際營收的加總，了解目前實際營收與預估營收進度與落差。

「月營收累積達成率」：月營收累積 / 月總營收預估（分母是設定的總月目標）

「使用人時」：將每天每個人工作的時數化為「人時」，例如一個人一天做 8 小時，三個人就是 24 小時。

「人時生產力」：每人每小時可生產出的營收，公式：每日營收 / 日總人時。

例：9500 營收 / 日總人時 24 小時 =395 元，也代表在營業時間內每人每小時生產了 395 元。

「人事比例」：在工作日誌這邊記錄的人事比例跟月報表紀錄的甚比例公式有點不太一樣。

日期	星期	本日預估營收	本日實際營收	達成率	本日來客數	本日客單價	月營收累計	累計達成率	使用人時	人時生產力	人事比例	天氣	備註
1	四	9,500	8,500	89.47%	80	106.25	8,500	2.29%	24	354.17	38.12%		
2	五	9,500	9,000	94.74%	90	100.00	17,500	4.72%	24	375.00	36.00%		
3	六	18,000	16,000	88.89%	130	123.08	33,500	9.03%	32	500.00	27.00%		
4	日	18,000	16,000	88.89%	140	114.29	49,500	13.34%	32	500.00	27.00%		
5	一	9,500	11,000	115.79%	98	112.24	60,500	16.31%	24	458.33	29.45%		
6	二	9,500	9,500	100.00%	100	95.00	70,000	18.87%	24	395.83	34.11%		
7	三	9,500	8,500	89.47%	80	106.25	78,500	21.16%	24	354.17	38.12%		
8	四	9,500	10,000	105.26%	93	107.53	88,500	23.85%	24	416.67	32.40%		
9	五	9,500	8,000	84.21%	95	84.21	96,500	26.01%	24	333.33	40.50%		
10	六	18,000	16,000	88.89%	130	123.08	112,500	30.32%	36	444.44	30.38%		
11	日	18,000	17,500	97.22%	145	120.69	130,000	35.04%	36	486.11	27.77%		
12	一	9,500	10,000	105.26%	89	112.36	140,000	37.74%	24	416.67	32.40%		
13	二	9,500	9,500	100.00%	95	100.00	149,500	40.30%	24	395.83	34.11%		
14	三	9,500	8,500	89.47%	99	85.86	158,000	42.59%	24	354.17	38.12%		
15	四	9,500	8,000	84.21%	97	82.47	166,000	44.74%	24	333.33	40.50%		
16	五	9,500	8,700	91.58%	93	93.55	174,700	47.09%	24	362.50	37.24%		
17	六	18,000	18,500	102.78%	128	144.53	193,200	52.08%	36	513.89	26.27%		
18	日	18,000	20,000	111.11%	144	138.89	213,200	57.47%	36	555.56	24.30%		
19	一	9,500	9,700	102.11%	98	98.98	222,900	60.08%	24	404.17	33.40%		
20	二	9,500	10,500	110.53%	99	106.06	233,400	62.91%	24	437.50	30.86%		
21	三	9,500	11,000	115.79%	96	114.58	244,400	65.88%	24	458.33	29.45%		
22	四	9,500	10,000	105.26%	89	112.36	254,400	68.57%	24	416.67	32.40%		
23	五	9,500	9,500	100.00%	85	111.76	263,900	71.13%	24	395.83	34.11%		
24	六	18,000	18,500	102.78%	135	137.04	282,400	76.12%	36	513.89	26.27%		
25	日	18,000	19,000	105.56%	145	131.03	301,400	81.24%	36	527.78	25.58%		
26	一	9,500	9,500	100.00%	100	95.00	310,900	83.80%	24	395.83	34.11%		
27	二	9,500	9,500	100.00%	95	100.00	320,400	86.36%	24	395.83	34.11%		
28	三	9,500	9,500	100.00%	98	96.94	329,900	88.92%	24	395.83	34.11%		
29	四	9,500	8,500	89.47%	93	91.40	338,400	91.21%	24	354.17	38.12%		
30	五	9,500	10,000	105.26%	92	108.70	348,400	93.91%	24	416.67	32.40%		
31	六	18,000	18,000	100.00%	135	133.33	366,400	98.76%	36	500.00	27.00%		
本月預估		371,000	366,400	98.76%	106	109.27				424.60	32.44%		

月報表的人事是「實際」人事，因為經營店可能會有正職與兼職人員，會有月薪制與時薪制的計算人事方式，實際發生的人事會呈現在月報表中。

工作日誌這邊的人事比例計算是方便讓自己知道每天到底用了多少人，需要發出多少薪資，薪資比例佔了多少，但這邊一律使用時薪制去計算，是方便我們了解數據，知道每天到底用了多少人多少時數，以及產出多少營業額。

日報表中人事比例計算公式：時薪 / 人時生產力。

例：時薪 135/ 人時生產力 450 ＝ 30%

除了營業額，人事成本也是賺錢關鍵

開一間店最後能不能賺錢，最大的兩個問題其實來自於營業額業績與人事比例的控制上。

人事是變動費用中浮動比例最大的一個區塊，也是最難掌握的一個區塊，餐飲是大量需要使用人去服務的一種業態，所以人員的流動，安排與整個留才的規劃都會大大的影響到人事比例的變動。

試想如果你本來一天需要三個人來完成開店的動作，但今天如果有一名員工要離職，那在他離職前勢必需要先招募員工進來培訓，然而這段時間的人事成本就會多出一個人的人事，所以流動率過高的店很難賺錢，因為會一直在培訓人上面付出成本。

但使用過多的人如果沒有相對的營收支撐，人事比例又勢必過高，所以如何排班，掌控人事比例在合理範圍內（或者在預估範圍內）都再再考驗經營者本身的領導與管理能力。

尤其是剛開始創業的經營者在面對人才培育上會比較沒有系統或者員工看不太到願景就有可能造成人事流動快速。

經營者本身要有正確的留人策略與心態，最主要是要把進到店裡工作的夥伴盡量的去培訓他們，讓他們成長，所以自己本身的學習心態還有要盡可能的讓員工去成長，最好能夠安排員工的成長計劃，自己先一步步的學，然後一步步的教員工，不只是技能上的教學，包括了一些經營面或者心態面都可以多與員工溝通，甚至跟他們討論一起去進行，讓他們有參與感，這樣員工的流動率與效率才會提高。

我們曾有過一個狀況就是不會對員工做培訓，結果員工的工作態度不對也沒有進行教育，店內事務沒有規範導致最後的效益很差，明明三個人可以做完的工作硬是要四個人，然後還沒辦法準時收店下班，造成大家都做的很累，這樣的狀況是經營者必須去調整內部狀況改善的。

最主要還是要把每日該做的事情做成管理表單，因為開店一定有尖峰與離峰時段，如何利用空擋趕快把每日要做的事情盡可能的去做完，將人效發揮出來，這樣省下一個人的薪資拿來做為其他員工的獎金或者提高薪資，這個方向才比較有辦法留下人來。

利用 POS 系統分析經營資訊

現在開店大部份都會安裝 POS 系統，POS 系統可以有效幫店收集經營資訊做成資料，方便我們分析。

最主要是要透過資訊的收集去比對與原本規劃的方向是否有一致或者在方向上，如果有落差就是必須要去調整策略方向。

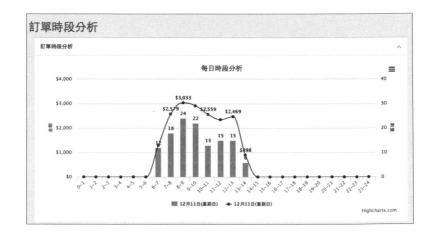

在前面我們有談到必須做時段的來客與客單的預估，並搭配不同時段做策略擬定，這個部分如果事先有擬定，那針對實際營運出來的結果就可以做一個比對，去觀察每個時段來的顧客分析與習性分析，是否跟我們原本預估的是否相同。

通常實際經營跟預估會有一些落差，那就要開始實際去瞭解當中的落差性在哪邊。

例如：中午 11~13 點每個小時預估來客是 15~25 人，但現在只有 10~15 人，那原因在哪邊？

是沒有符合午餐市場的商品嗎？還是商圈內的午餐大家習慣去哪邊吃？還不知道我們這邊有提供午餐？我們午餐的資訊有曝光了嗎？有什麼方式可以提升午餐營收的策略？

這些就是可以透過數據去瞭解與分析，並且重新擬定策略去調整的方向。

然後也可以看每個小時的最大生產量是否有到達我們預估的標準？每個小時最大生產力是 4500 元，那是否有辦法在突破？該怎麼在突破？讓尖峰時刻的來客胃納量可以在更大一點來提升營收？

也可以分析內用、外帶、外送的一些比例，外帶多，那是否有辦法提升內用率？內用的客人需求是什麼？是環境需要改變還是餐點需要改變？可以開發外送市場嗎？該怎麼做？

這些都是我們在營運上面可以透過數據分析不斷去思考與調整的地方。

經營一家店的重要心態提醒

經營是必須不斷的去進步與調整，有時候如果只是直覺性的判斷會有點失真，最好的方式還是：

『

透過數據去收集市場資訊，然後分析資訊背後的消費動機還有經營問題，透過改善後再觀察數據的變化來做調整，會比較精確的讓問題被解決。

』

這是我們在實際經營上必須不斷去思考與調整的地方，開一間店未必能夠在一開始就爆紅，那種機會有時候可遇不可求，但是如果能夠透過一步步的調整，慢慢的在商圈內經營出知名度，累積自己的經營實力，這樣子在未來要做擴張甚至有機會做連鎖經營時，會有較深厚的實力去複製成功模式，如果一開始就生意非常好，但其實好的不知道原因，那複製有時候就會容易失敗，因為其實不知道成功的要素是哪些。

所以透過經營我們必須要越來越清楚自己的優勢與劣勢，然後因為哪些優勢而經營出成績，將這些優勢要素拉出來，在複製時就可以用同樣的成功條件與經驗去做一些評估，這樣在做下一步擴張時的成功機率就會比較高。

所謂的「經營」就是不斷的透過實際運作去發現問題，然後訓練自己去分析問題，解決問題，透過一次次的解決問題來提升自己與團隊，自然營收就會慢慢提升上去。

今天選擇要開店要有一種莫忘初衷的心態，我們觀察過許多經營者，剛開始創業時很積極也很用心，但是當生意經營到一個階段後就會認為自己穩定有生意了，然後開始懈怠，當初的積極與用心就不見了，落入了每天只是應付生意的態度，在這樣的態度下生意就會開始每況愈下。

經營其實就是一種修煉，其實要不斷的精進自己，求新求變，滾石不生苔，一定要告訴自己要不斷的保持初心與剛創業時的熱情。

開店之後，
我該怎麼做行銷？

行銷，是為了讓產品與品牌被更多人知道，從而在產品上提高營業額，在品牌上獲得知名度的方法，我們創業開店後，也不能只是埋頭營業，還是必須要做行銷計畫，才能幫助店面更快上軌道。

好的產品更需要行銷

行銷，算是開店後的一種日常工作，或許有許多人認為把「產品」做好就好，不用做太多的行銷，所以非常專注的在產品的製作上。

其實這樣的觀點不能完全說是錯誤，我們可以用一些方式來說明「產品」與「行銷」間的一些關聯與重要性。

產品是一切的根本，這點是絕對不可否認的，因為產品是顧客真正得到與體驗到的東西，沒有好的產品，那再好的行銷也只是幫

助店舖做「一次性」生意，而沒有長期持續的「回購」，沒有回購的生意是不可能會長久的，所以產品絕對是創業成功與否的重要關鍵之一。

但「把產品做好」就可以這樣的說法必須成立在一個關鍵點下，就是產品口碑傳播的速度，要快到讓你的店在週轉金燒完之前，就能達到損益兩平甚至獲利。

但如果今天只是專注做產品，沒有告訴任何人有在賣這些產品，在沒有人知道的狀況下，口碑的速度真的夠快嗎？

這是我們必須要有的一些認知，不要認為行銷就是不好，創業要顧及的面向非常的多，不單單只是「產品」這件事情而已，除非今天你很有把握你的產品做出來是能夠馬上造成供不應求現象，那另當別論，但以我的經驗與遇到的一些狀況而言，通常創業者遇到的問題都是自認為產品很好，但又很苦惱為什麼沒有人知道，沒有人買的窘境，所以這就是我們必須要談「行銷」的目的。

做行銷的目的是什麼？

行銷基礎思考的六大主軸還是會來自我們前面所提過的：

1. 如何讓潛在顧客成為新顧客

2. 如何讓新顧客成為老顧客

3. 如何讓老顧客提升回購率

4. 如何讓老顧客幫忙做轉介紹

5. 如何提高平均客單價

6. 如何增加購件數

這是開店在思考行銷時的一些基本主軸，然後利用這樣的主軸先去發想一些行銷方式，然後做一些「企劃」練習。

跟寫創業計劃書一樣，寫行銷企劃最主要是要練習自己的行銷思考，然後透過企劃的整理了解整個行銷活動的運作，也讓自己練習評估行銷的效益，透過一次次的練習來加強行銷的思考，利用更深度的行銷來讓經營更加的順利，這也是在開店階段必須要去練習的。

下面我們先分享行銷企劃的一些基本撰寫方式，後續再來更深入的談行銷概念。

如何撰寫行銷企劃書？

先以我們做九週年活動的一個行銷企劃書當案例：

DLS9 周年慶活動

一、前言：

得來素於 2007 年 4 月 1 號從小餐車創立，至今已經 9 週年了，由一臺小餐車到目前的 18 間店，一路走來因為有您的支持才讓我們得以成長茁壯，為了回饋廣大的朋友們，4 月份將推出週年慶活動。

二、活動目的：藉由辦周年慶活動，提升品牌知名度與客單價

三、活動日期：4/1~4/30

四、活動辦法：至全台得來素門市消費，單筆滿 150 元可獲得摸彩卷一張（300 元兩張，以此類推）。

摸彩卷於五月份中部地區由物流收回，外縣市請郵寄回公司（郵資由公司支付）。

五月份將由公司抽出 50 位得 者贈送「華納威秀」電影片一張。

＃網購、外送、外賣商品不列入此活動範圍。

五、活動獎項 : 威秀電影票 50 張

六、抽獎日期 :5/15 星期日 PM16:00(假得來素昌平店公開抽獎)

七、預估費用 :

1. 電影票 50 張 (50*220=11000 元)

2. 摸彩卷 10000 張 (5000 元)

3. 獎項郵寄 50 個 (50*25=1250)

4. 店家廣告布條 500 元 (500*16=8000)

5. 店家郵寄摸彩箱費用（外縣市五間）5*150=750

6. 活動布條、摸彩卷、海報設計費用 5000 元

總計 :31000 元

注意事項 :

1. 外送 網購金額不列入

2. 摸彩卷資料必須填寫完整 , 才符合抽獎資格　（ 店別 姓名 電話 地址)

3. 各店家必須自行準備摸彩箱 (建議可頌的箱子)

活動內部作業流程：

日期	工作事項	負責人	備註
2/2	海報設計發包	督導	
	摸彩卷設計發包	督導	
	布條設計發包	督導	
2/20	設計對搞	督導	
2/28	海報、摸彩卷、布條定稿	督導	
3/1	電影票詢價	建宏	
3/5	海報、摸彩卷、布條發包	管理部	
3/8	回覆電影票詢價狀況	建宏	
3/15	宣傳品製作完成	管理部	
3/20	宣傳品發至各店	管理部	
3/29	粉絲頁活動預告	督導	
4/1	活動開跑（粉絲頁公佈活動訊息）	督導	
4/29	買電影票	建宏	
4/30	活動結束		
5/2~5/9	各店家摸彩箱回收	中部由物流回收外縣市請宏霖監督各店郵寄狀況	
5/15	摸彩		PM16:00 於昌平店
5/23	獎品寄出		昌平店人員協助電影票寄出

P.s 2/15~2/29 請督導人員至各店家先口頭告知活動辦法

請督導人員協助各店家準備摸彩箱

行銷企劃應該要考慮那些東西？

從上面的行銷企劃中我們可以知道要做一個行銷規劃要考慮到：

1. 一個行銷原因：

這部分是為了一些文案發想或者內容發想的源頭，也可以說是要給消費者接受這行銷的一個理由。

2. 行銷目的：

這個行銷活動要達成的目的是什麼？是為了讓更多人知道創造知名度與品牌認知度？還是吸引看到的過路客能夠入店消費？又或者是讓老顧客能夠回來？還是要縮短購買週期提升回購率？又或者是想要提高客單價？還是想要吸引不同族群來嘗試？

這些是我們在做行銷規劃前，必須要很清楚了解這個企劃與活動要帶來的目的是什麼，這樣我們才有辦法去設計活動內容，跟檢測活動完畢後的成果是否有跟當初預期的目的是一樣的。

3. 活動日期：

這個活動的期間為何？

4. 活動辦法：

針對活動內容的設計與說明，這個部分要讓自己清楚的知道整個活動內容該怎麼去進行，也是透過寫企劃書讓自己瞭解整個活動內容有哪些沒注意到的。

其實想跟實際要執行通常都會有一些距離，所以無論是寫創業計劃書或者是行銷企劃最主要的目的是把想法具象化、具體化，讓想法能夠透過文字或者是圖的方式呈現出來，這樣在執行上才會比較順利。

如果希望自己能夠一步步做的更好，這些練習都是必要的付出，必須讓自己不斷的去練習從發想到執行這段過程中要做的準備。

如何預估行銷活動費用？

在做行銷活動之前都一定要做費用預估，然後必須去思考這些費用所能帶來的效益是否能符合我們所要做的目的，去訂定一些 KPI 來檢測。

通常談到費用預估，我會在做下面兩個分類：

可預估效益：

可預估效益就是說這次的行銷活動我要用多少的預算換到多少的營業額（來客或客單）。

例如：這次的行銷活動我的費用預估是 5000 元，那如果要讓這行銷活動不要造成太多的毛利損失（簡稱毛損），那該怎麼規劃？

首先我會先思考這次活動推出後的預期效果可能需要到達多少目標？才不至於造成太大的毛損。

如果以客單價 100 元，毛利 50% 來說，那這個行銷活動帶來的效益至少要能為店帶來 10000 元的營收，我才會覺得這行銷活動可以思考規劃看看。

也就是說這個行銷活動若能在這一個月內幫我多帶來 100 個客人，平均一天增加 3~4 個來客數，其實這樣的活動規劃就比較能預估效益然後去做。

所以在活動辦法裡我就必須要去思考這樣的活動是否對消費者有吸引力，我有沒有把握一個月能夠多帶入 100 個來客數與 10000 元的營業額，行銷效益評估我就會設定這個行銷活動必須帶來 100 個來客與 10000 元的營業額。

不可預估效益：

不是每一個活動都一定能完全用 KPI 來概論，例如：今天如果是做品牌曝光，我們頂多能夠去預測能曝光讓多少人知道或者看到，這部分比較大的目的是讓更多人能夠認識與記憶我們的店或者品牌，但效果其實比較難直接用 KPI 去檢測出來。

有時候行銷不能只是思考當下活動檔期結束就要有立即效果，而是要去思考整體行銷的目的來建立長、中、短期的行銷規劃，這也是讓自己的店慢慢從微型店經營到品牌店的一個重要概念，不能老是只是做促銷活動就以為是在做行銷，而是必須用較長期的經營概念來操作行銷，把長中短期的目的先思考過，然後做預算的分配去經營長中短期的客群。

想想你的行銷計畫

這是行銷從目的到活動規劃的一個流程，創業過程勢必會用的上，可以先練習寫寫行銷企劃書，鍛煉自己的思維，接下來我們談更深入的一些行銷方法與現在數位時代該如何利用數位工具來行銷。

我的開發潛在顧客的方法是

_____

_____

讓新顧客成為老顧客的方法是

_____

_____

讓老顧客提升回購率的方法是

_____

_____

讓老顧客幫我做轉介紹的方法是

_____

_____

提高平均客單價的方法是

_____

_____

提高購件數的方法是

_____

_____

3-4

我該怎麼幫店
操作社群行銷？

社群行銷是這幾年最紅的話題，當你創業開店時，要不要跟著一起做？做了會有效果嗎？會不會很難？其實，對於創業者來說，社群行銷是必要的，而且其實不難，因為他和我們前面說的市場定位、顧客經營，都是同樣理念下發展出的做法。

現在就算是開實體店，利用網路與數位工具來行銷已經變成了一種不可逆的趨勢，因為網路的普及，也讓我們能夠用更快的速度去接觸更大量的人，許多創業者無論是網路創業或者是實體店創業，利用網路來讓生意成長的案例非常多，這其實大家都知道，但該如何操作呢？

社群行銷是這幾年較盛行的行銷方式，利用網路社群的經營來聚集粉絲，然後透過粉絲經營來轉換到店裡消費，這當中的觀念與

操作流程，還有哪些關鍵點，尤其是「用在實體店面時」怎麼操作？讓我們用下面的章節來介紹。

社群是什麼？

在做社群行銷之前，要先了解什麼叫「社群」？

無論是在現實的社會當中或者是網路上的活動，只要有人，就會有聚集人的組織與團體，例如：學校社團、運動社團、商業社團、攝影同好…. 等等，只要有人，就會有人發起有相同「興趣同好」聚集的一個聚會，或組成一個團體，這樣的團體在實體上稱為「社團」，搬到網路上就稱為「社群」。

社群行銷可以簡單的說是在網路上發起一個讓有相同「興趣同好」聚集在一起，然後進行行銷的一種方式。

為什麼要做社群行銷？低預算的行銷

在我們自己的創業過程當中遇到一個很大的關鍵問題，就是沒有太多的行銷預算可以使用，傳統媒體（電視、雜誌、廣播）等的預算相對都比較高，所以我們就在思考還可以怎麼做行銷，讓顧客能夠「接觸」到我們進而「認識」我們，透過經營慢慢的讓這群潛在顧客願意到店裡來消費，這是我們一開始的想法。

在 FB 還沒有盛行之前，我們的行銷方式是寫部落格文章，然後寫完之後到論壇去貼，那時候的論壇就是一種社群平台，透過貼文的方式讓人家認識我們，藉由這樣做到曝光的效果把品牌推出去。

後來慢慢的有了許多社群工具，尤其是 Facebook 出來後，開始有粉絲團這個工具時，大大的普及了「社群」這個概念，也讓社群行銷變成一種顯學。

但其實經營社群有許多的關鍵要素在裡面，如果不了解經營社群的一些規則，只是單純的開一個粉絲團就希望有客人會因為粉絲團而消費，這樣是不太行的通的！

所以我們還是要去了解消費者在網路上的行為，還有自己在操作社群的定位，定位會影響經營的方式與發文的方向，經營方向也影響了會吸引哪些族群加入粉絲團，以及是否能達到我們要的效果，這當中的環節與流程是必須了解才有辦法一步步操作出社群效益的。

有哪些社群行銷平台？

Facebook 粉絲網頁：

目前以台灣來說社群網站最大的還是 Facebook，所以很多人要開店都知道要去開一個「粉絲團」。但是許多人的粉絲團經營起來覺

得沒有帶來太多效益就不經營，又或者一句「沒時間」也就不願
意經營。

Facebook 私密社團：

有別於粉絲網頁比較屬於開放式的經營方式，在 FB 上面還有另一
個經營方式就是經營「私密社團」，這部分可以把較熟悉的顧客，
可能實際有交易過的客人更進一步的引導到私密社團當中經營，
有點類似經營會員或 VIP 客戶的感覺。

Line@：

Line 是台灣最常用的通訊軟體，在台灣用戶也高達 1700 萬人，所
以普及度也是相當的高，也有一個新的社群應用工具 Line@，只是
Line 相對於 Facebook 來說比較封閉式，散播率比較沒有 FB 那麼的
快與廣，所以算是比較封閉型的社群。

Instagram：

Instaram 是屬於圖片型社群網站，許多年輕人慢慢從 FB 的使用轉
向 IG 使用，原因大部份是因為較隱密，不會老是被家長看到訊息，
另一個部分是利用照片分享生活，不用打太多的文字訊息。

這幾個工具是目前在台灣較常看到，使用率較高的社群工具。

在社群上要聚集哪一些人？

這個問題攸關了自己在進行社群行銷時的「目標對象」（受眾）
到底是誰，如果經營錯了對象，那原則上社群對實際經營上面的
幫助並不會太大，所以首先我們要先清楚的知道我要經營哪些人
對我的幫助會比較大。

我要製作哪些內容來聚集這些人？

社群上的內容通常分為「圖」、「文」、「影片」這三種內容呈
現方式，因為在網路上較能傳達的就是這三種，如何利用這三種
內容呈現方式吸引潛在族群注意，甚至長期觀看產生「黏著」，
並且從中得到「信任」進而願意「消費」，這是一個關鍵過程，
所以製作內容的核心決定了會吸引到哪一些人來觀看，這群人是
不是我們要的，夠不夠精準，這會影響到整個社群行銷的效益。

一般來說經營社群的經營指標會比較「有多少人關注」，但以我
自己在經營社群的觀念，我更在意的是「關注的人是不是我要的
族群」，我覺得這一點比有多少人關注更為重要。

如果今天有 10 萬人關注，但當中只有 1 萬人是我的潛在族群，那
這樣的關注度是虛的，今天如果粉絲團只有 2 萬人，但有 1 萬 5
千人是我要的族群，這樣的族群有時候更勝 10 萬人的粉絲團。

所以在進行社群行銷我會先清楚了解自己的店（品牌）的定位，

然後分析出哪些客群較容易成為我的潛在顧客，這些潛在顧客也就是我要利用社群吸引到的族群，接著開始思考「內容」該怎麼製作或者 PO 文要怎麼 PO，要發哪些文才會吸引這些潛在族群注意我的內容，先利用內容吸引族群加入，然後再置入一些商業訊息（吸引他們到店的訊息或者產品或者活動）。

從潛在族群問題規劃行銷內容

以我自己的創業過程行銷為例，我們在做的是素食早午餐，所以我的潛在族群很明確的是素食族群，那我要利用哪些內容來吸引素食族群關注並討論呢？

首先我先將「消費者問題」釐清出來，因為我覺得無論是創業或者是經營這樣的社群，又或者是做「行銷」，解決市場（消費者）問題，讓他們獲得利益就容易獲得關注或者購買，這是無論在創業或者行銷上面我自己的核心思考方式，先思考消費者利益，而不是先思考要怎麼賣東西，當產品與服務能夠解決消費者問題時，他們就容易買單。

回到社群上思考，我要經營怎麼樣的內容是對這些潛在族群有益處的？他們願意長期觀看，產生黏著，當他們願意長期觀看其實我們去 PO 商業訊息才會有機會被關注，也有可能因為這群顧客本身就是我的產品的潛在顧客，所以就算是商業訊息，也是能解決他們的需求而不一定會那麼商業感，更容易拉近與顧客間的距離。

從我們的消費族群「素食者」來說，我把一些素食者較容易遇到的問題切割出來，做為內容製作的方向與找素材的方向：

1. 吃素的小朋友可以吃什麼的問題

2. 吃素者與未吃素朋友人際相處的問題

3. 吃素者結婚遇到不一定雙方都吃素的問題

4. 素食媽媽懷孕與坐月子能吃什麼的問題

5. 吃素者外出旅遊找東西吃的問題

6. 素食者如果結婚家庭沒有吃素產生的婆媳問題

7. 吃素方便的問題，哪裡有素食店

8. 吃素者在家裡煮要煮什麼，怎麼煮的問題

9. 吃素者的健康問題

當我把潛在族群的問題做了一番分析後，將問題列了出來，這些都是我的潛在族群本身有可能產生的問題，所以當我的 PO 文朝這些方向製作內容時，也較容易引起長期關注。

社群行銷，愈早開始愈好

當我們能夠因為這些內容慢慢的累積一些潛在族群後，就有更多機會把我們的行銷訊息曝光出去，利用這樣的方式達到行銷的效果。

社群經營是要花時間去與粉絲建立關係的，不是即效性的行銷方式，但相對於初期創業沒有太多行銷預算階段，其實利用社群去建立自己品牌在網路上面的影響力，協助品牌曝光，這個部分是可以在一開始就進行的了，甚至在還沒創業之前就開始進行社群經營，先將一群粉絲經營起來，然後開店後做導入，這也是一種方式，也有許多這樣的案例。

舉個例子：在台中大里有一間早午餐店，他剛開始做生意的方式就是利用網路社群先接訂單，但那時候他們還沒有店，就是接了訂單之後在家裡做，做完之後外送到客戶那邊，慢慢的培養一些客群出來，然後當有一定的客人支持後，進而轉向開店，開店後就有基礎的生意，這樣更能有效的降低創業風險，算是一個利用社群有效降低創業風險的好案例！

其實只要懂的這些概念，就可以藉由日常的經營來提升成功機率，但就是必須要落實去經營，觀察過許多創業者，其實真正失敗的原因都是沒有落實去經營好每一個小細節，有了這些概念後必須實際去操作，然後去找到問題，慢慢調整，這樣才有機會成功，做社群也是一樣。

如何在社群行銷內容中導入商業訊息

上面的談到的是日常可以製作用來吸引潛在顧客關注與黏著的一些內容規劃方向，但我們經營社群最大的目的還是希望能夠為自己帶來一些行銷成果，也就是營收的提升，利用社群為我們帶來一些顧客，所以就會有一些商業訊息的導入。

我會將內容切割成「跟營業有關」與「跟營業無關」，上面那些內容就是比較屬於「跟營業無關」，目的是用來吸引潛在顧客用，那吸引潛在顧客後也必須有一些「跟營業有關」的訊息來跟粉絲互動。

跟營業有關的內容製作方向：

1. 日常經營上面所發生的一些心得，創業心得之類

2. 在經營上針對「理念」想對粉絲說的話（塑造品牌認同）

3. 新產品上市告知

4. 活動優惠訊息

這些「跟營業有關」的內容是我們做社群最大的目的，就是利用社群管道去傳遞我們要的訊息，這些訊息有營業訊息，有溝通經營理念，讓顧客去瞭解我們的服務與想法。

後面這些內容才是社群行銷最重要的，只是如果只做後面這一段，通常粉絲的黏著度並不會太高，除非你可以將這些訊息用很有趣

的方式去呈現。

有興趣的朋友可以在 FB 上面搜尋「梁嘉銘」，大家稱他為法王，他創立了一個「寶爺食代」在銷售一些生鮮產品，但他平常的經營內容就是用極為搞笑幽默的方式在呈現他想要傳達的事情，然後因為粉絲都很喜歡他的搞笑與幽默而產生了對他的黏著，銷售的方式也跟一般人不同，也是用很搞笑幽默的方式在寫銷售文案，所以死忠粉絲非常多，他就是一個利用社群做生意很好的案例，也有實體店面可以取貨，是社群經營很經典的一個案例。

塑造出自己的社群個性

寶爺食代就是將自己幽默的個性植入了社群經營中，形成了他在社群上面的個性，拉到品牌上面來說就是「品牌個性」，今天如果想要做一個品牌，我們必須賦予品牌一些性格，通常這些性格跟創辦人也會有很大的關鍵影響，因為社群其實傳達想要溝通的事物給消費者的一個「媒介」，核心是「你想要傳達給消費者的是什麼？」，也就是品牌的核心精神。

有了品牌的核心精神，在透過社群經營去傳達，然後社群的個性與風格決定了與粉絲互動的方式，有的粉絲團用很嗆辣的方式經營，有的用很親切的方式，有的用幽默搞笑的方式，這些方式都是經營者賦予這社群的生命力，這也要看你所要吸引的受眾到底是誰而定，但其實品牌就像一個人，讓這個品牌被喜歡就像在經

營一個人怎麼被更多人喜歡一樣，有越多人喜歡時品牌力就會越強，相對於在帶動業績上就會比較容易些。

開店創業就要擁有「自媒體」

什麼是自媒體？因為社群網站的功能越來越多，透過經營社群就像在經營屬於自己的媒體一樣，如上面提到的，我們製作內容，吸引特定的觀眾關注，藉由這樣產生媒體效果，這就算是一種自己擁有的媒體資源，不一定要在靠外部的媒體資源才能夠曝光（當然如果你的自媒體在加上外部的媒體曝光，那效果就是加乘）。

透過「受眾定位」→「內容方向定位」→「內容素材製作」→「受眾關注與黏著」→「受眾互動產生信任」→「受眾分享產生傳播」，利用這樣的流程慢慢的做出自己的品牌在網路上面的影響力，進而導入實體店活動與消費，這就是一種基本的 O2O（線上與線下結合的商業模式）概念。

利用社群建立銷售漏斗

現在的創業其實網路與實體的界線越來越模糊，網路的聚眾速度快，散播力強，是大量培養潛在客群的一種方式，也是「顧客關係管理」的一種方式。

我們當初會開始建立社群，其實是思考店裡面的客人在我們閉店

後其實就不知道去哪邊了，今天如果有一個新產品上市或者是活動公告，其實往往只能在店裡面公告，但在店裡面公告只有來店裡的客人才看得到，如果今天客人一陣子沒有來，但我們推出的產品可能是他喜歡的，那怎麼通知他？這其實也是利用社群做「顧客關係管理」的一個功能之一。

也有可能粉絲在社群上觀看我們的消息很久，但一直沒有上門，但今天推出一個商品是他喜歡的，因為長期經營社群，他看到了，然後因為這樣來到店裡消費，這是很常見的社群效益，也是我們經營社群的最終目標。

這就像一個漏斗，慢慢的篩出我們的顧客，當粉絲數更多，會轉換成顧客的機會與比例也就會越高，形成「銷售漏斗」。

所以彙整整個社群的概念就是：

1. 鎖定目標受眾。

2. 拆解受眾會關注的問題與議題。

3. 利用這些議題將粉絲聚集，產生「弱連結」。

4. 引發「互動」，讓這些粉絲能夠更信任粉絲團與品牌，產生「中度連結」。

5. 利用實體活動做實體接觸，產生「強度連結」，成為顧客。

6. 回到社群持續維持關係，提升再次消費的機會。

這是我們在做實體店面時可以使用的一個流程，利用社群概念來提升業績。

在社群上寫你的創業故事

練習把創業過程當成題材，寫成屬於自己的創業故事，做故事行銷

我一直很鼓勵創業者能夠在創業的過程當中去體悟自己的創業心得，然後透過文字的分享做個記錄，一部分是因為創業有很多的困難，需要一個管道做抒發，一個部分是透過一步步的記錄，把自己的創業過程寫成屬於自己的故事，也可以讓別人看到自己的創業過程，有時候反而會因為這樣吸引更多人的支持。

有時候創業不一定只是賣產品而已，如果能夠去體會創業過程所帶來的體悟，進而去淬煉出對品牌，對產品的理念，那這樣的理念就是很棒的品牌精神，也是真正要傳達給粉絲知道的，這樣做可以讓顧客跟我們的關係不止建立在產品面，而可以有更深的精神面與理念面的交流，可以得到更多始終的顧客支持。

像我們創業十年了，這一路來其實我也寫文章寫了十年，不斷的寫去記錄創業的每一個過程，用部落格記錄，也因為文章量累積的夠多，其實有許多人是從部落格看到文章後認識我們進而支持我們。

也有記者從網路上搜尋到我們的故事，然後要做從街頭創業的專訪找上我們，以我們的故事做題材，這樣的媒體曝光完全不用費用，而且能夠用大眾媒體的方式去介紹我們的創業故事，讓更多人認識我們，這些都是長期寫部落格記錄創業故事所帶來的好處。

寫故事也能練自己的文筆，讓自己在寫文案上面能夠越來越得心應手，甚至現在你看到的這本書也是因為長期寫故事，寫文章被編輯看到而找我出書得到的機會。

行銷不一定是要花大錢才能做，甚至有時候花大錢也不一定做的好，因為沒有找到靈魂或者精神。

社群時代要學習在網路上找到同溫層，與同溫層產生共鳴，進而達到行銷的效果，這也是我覺得社群行銷很棒的一個方式。

開始練習寫自己的創業故事吧！一定會有收獲的。

如何克服創業過程
遇到的各種考驗？

到了本書最後一堂課，讓我總結創業過程還有哪些必然面對的問題，從心態上分享我的經驗，幫助大家做好創業開店的心理準備。

最後，想跟各位欲創業者或剛踏上創業旅程的創業人，談談這一路上走來我的心態與心得，還有一些經驗與需要克服的事情。

其實創業的一開始是很煎熬的道路，想想寫這本書的同時，也是我們差不多創業屆滿 10 年的日子，一路來有許多的困難，這也是一段磨鍊我們心智的道路。

剛開始會面臨到的問題都是沒有顧客基礎，如果是第一次創業，要累積第一批穩定的客源是需要一段時間的，但在累積出穩定客源前，收入常常都是比支出還要來的少，所以這也是為什麼需要

週轉金的關係，週轉金是為了讓我們能夠在市場存活的久一些，用金錢換取一點時間以爭取存活的空間，這是第一階段最為困難的。

而這時候為了存活，有一些能力與態度是必要的。

培養自己的顧客開發能力

第一個階段要培養自己的開發能力，尤其是商圈開發的能力，我們在輔導加盟主創業上比較常遇到的就是剛開始不太願意出去開發市場，無論是害怕、害羞、為自己找藉口、不適應創業生活覺得累、現金壓力大產生的焦慮，這些其實是會遇到的狀況。

但這邊我也希望跟大家分享，當已經決定要創業，一定要有一顆堅定的心與大膽的行動，一定要走出去店外面開發市場，客人不會平白無故的自己走進來，有也是少數，一定要大量地行動去開發客人，不要放過介紹自己的機會，一定要先讓人家認識自己或者認識店，唯有被看見才有機會被認識，被認識才有機會交易，這是創業的鐵率。

許多創業失敗的原因未必是產品不夠好，而是人家在完全還沒接觸到你的產品時你就失敗，這個地方最需要挑戰的就是大量開發，也是創業初期必經過程，無論壓力再大，再累，記得踏上創業的第一步就是大量的被認識，介紹自己，不要害怕別人的冷言冷語與看法，做就對了，別人不會知道你的理想，在未看到你做出成

績之前也不一定會支持你，所以要砥礪自己，激勵自己，直到做出成績，這是第一階段我想跟創業朋友分享的。

處理人的問題

第二階段會遇到的可能就是人的問題，剛開始創業有幾個狀況：

一個人創業

獨自一人運作：剛開始創業獨自一人運作可以免除一些與人合作或者溝通上的問題，但相對性的能做的事情就會比較有限，因為自己就一個人，時間跟能力都以一個上限值，但相對性決定事情就自己決定就好，比較不會有很多的雜音。

跟家人一起創業

跟家人一起做：跟家人一起坐，無論是夫妻，兄弟姐妹，父母親一起做，其實都會有意見不合的時候，然而與家人一起做最大的問題通常是沒辦法就事論事，很多事情是沒辦法理性的去處理的。

想想看，如果今天你跟你的另一半意見不合，到最後一定有一方會搬出夫妻關係來談，有時候是在討論公事上的問題，最後也一定會有把雙方關係混為一談的狀況，兄弟姊妹或者是父母親關係

都是如此，很難理性的去就事論事，到最後就會成為團隊間難以取得共識的狀況。

這時候其實就必須要花一點時間「先處理關係，再處理事情」，如果是家人間一起做事，這種事就不可能會避免的掉，如何去溝通出理性的把關係抽離，清楚的回到公事上討論，這是一項頗大的功課，但無論如何還是要學習去理性的溝通，這樣才有辦法真正得解決問題。

有合夥人

跟合夥人之間的問題：創業有時候難免會因為想要找幫手或者因為資金資源的不足找人一起合作，我本身也是跟國中同學一起合夥，這過程深深的體會合夥是不容易的一件事。

最常發生的問題還是在於意見不合，又或者在於權力或者利潤分配上面會有問題，這是合夥比較常見的問題。

所以合夥間的關係要寫清楚，誰負責什麼事，職位與決定權該怎麼分配，這些要談清楚。

而且合夥人要能一起共同成長，合夥關係如果雙方無法共同成長，最後會導致價值觀落差太大，最後無法溝通出共識而常常意見不合，最後拆夥。

也要懂得調整溝通模式，釐清事情脈絡，找出意見不合關鍵問題，

提出雙方可接受方案。這個部分非常需要雙方的智慧，只要是人與人相處一定都會有磨合期，溝通是必要的，雙方合作最怕的就是一次一次不愉快中所累積出來的「心結」，當心結結太深就像一條繩子打上一個又一個的結，最後就會沒辦法解開，所以雙方合作要有共識，只要有心結不要等到結太深才要談才要解，一定要在發現有心結時就去找對方談，有時候其實是誤解對方的想法而導致誤會，這是很常有的事情。

合夥必須要有共同的願景，目標，計畫，才有辦法合作的長久，雙方要夠坦承的去合作，培養默契，這樣才有辦法在雙贏的局面下共創佳績。

合作就是為了去打造更大的市場潛力，只要把格局放大，很多事情自然就能夠迎刃而解。

如何調適身邊的人潑冷水？

創業算是一項高風險的一件事，通常不是很多人會看好，尤其是身邊的人，所以如果創業能夠獲得身邊的人支持是一件很不容易的事情，但也有可能常常會遇到別人潑冷水，這也算是一件很常發生的事。

記得有一次我去外面上課，我舉手問老師：老師，您覺得素食的市場怎麼樣？老師說：我當場做市調給你看，在場有吃素的同學請舉手，結果沒有人舉手，老師就覺得這個市場太小，要我及早

放棄。

其實我很能體會老師的角度與觀點，因為當時的市場真的很小，有些時候有些創業的人問我一些有關市場的事，我也會指出一些問題讓他看見，有時也算是一種潑冷水。

但回過來思考，難道因為別人潑冷水就放棄了嗎？如果是這樣那代表了自己沒有足夠的信心與毅力去實踐自己所看到的事情，或許他人說的未必是錯的，但那也僅僅是站在一個角度看，有時候被潑冷水反而是考驗我們對於創業的思考是否成熟，是否有足夠堅定的信心去執行，考驗的是我們的心。

我常常用一個故事來激勵自己，這個故事叫做「耳聾的青蛙」。

有一個青蛙村，每年都會舉辦一場爬燈塔運動會，村裡面各個好手都會參加。有一年要舉辦運動會時，好不巧的那天刮著大風，下著大雨，但主辦單位還是覺得可以辦，所以那年的運動會如期舉行，但大家其實都覺得沒有青蛙能在這樣的條件下爬上去，大家議論紛紛。

比賽開始進行，青蛙不斷的往上爬，但也不斷發生有青蛙被風吹落，被雨打落的狀況，燈塔下圍觀的青蛙不斷的說「不可能有青蛙可以爬得上去的」，現場沒有青蛙相信可以爬得上去。

但有一隻青蛙不斷的往燈塔邁進，最後真的完成了比賽，大家覺得驚訝之際，青蛙界的媒體記者紛紛上前去採訪，想瞭解他到底是怎麼爬上去的。

當記者問：青蛙青蛙，你到底是怎麼爬上去的？

這時才發現，這隻青蛙是隻耳聾的青蛙，於是找了個手語專家與青蛙對話，問他到底是怎麼爬上去的。

耳聾的青蛙用手語比著：我就只是專注的看著燈塔頂端，不斷的告訴自己「我要爬上去」，我聽不見別人的聲音，所以很專注的往上爬，就算被風吹雨打，我還是相信爬得上去，就這樣爬上去了。

後來大家才知道，原來青蛙爬上去的祕訣就是「聽不到別人的負面聲音」、「專注的看著燈塔」、「相信自己一定爬得上去」，這三個原因讓他在艱難地環境下爬上了燈塔，拿到了冠軍。

這是一個有趣的故事，我覺得很適合用在創業上，創業的過程會有很多的困難，會有很多的負面聲音，但這三個點可以協助我們去激勵自己，不去在意負面聲音，專注目標往前走，最後獲得成功，這是我常拿來激勵自己的一個故事。

顧客跟你說的是他的需求還是市場需求？

在創業過程當中有一件事一定會發生，就是剛創業的時候會有許多人給你很多的建議，尤其是顧客，每個人給你的建議都不同。

舉一個甜度的例子，做一個甜點，剛開始開發出來一定會有幾種狀況，有的顧客覺得剛好甜，有的顧客覺得太甜，有的顧客覺得

不夠甜，然後如果這三種反應聽一種改一種，原則上品質就會不斷的調整與改變，最後會導致不知道怎麼做事情，這是很有可能會發生的狀況。

於是這過程你必須要很清楚知道到底要做怎樣的口味，迎合怎樣的客群，調整到一個階段必須要堅持住，找出適合這樣口味的客人，而不是不斷的迎合每一種客人，一定要定位好自己想要表現的狀態，然後去跟顧客說明。

每一個顧客反應雖然都代表一種聲音，剛做生意時會非常在意顧客的每一種聲音，這也是人之常情，但以我們的經驗是，調整到一個階段除非非常多客人反應，要不然我們會先定案下來，然後試著去找到符合這口味的客群，但如果真的很多人反應，那我們就會斟酌去調整，而不會每一個客人反應一個現象我們就調整一種方式，這樣反而到最後會變成四不像，所有客人都會留不住，這是創業過程當中會遇到的一個問題。

結語：創業十年的十個體悟

接下來也跟大家分享一些創業以來的十個體悟，作為這本書的總結。

1. 不懂市場：

創業的第一階段遇到的問題是不懂市場定位與目標客群到底是誰，專業知識不足一股腦往前衝，花了很多時間慢慢補足專業知識然後修正。

體悟：創業不容易一次到位，持續學習是必備，知識架構與實務問題上做個整合會讓學習效果更好，也較有成效。

2. 定價過低：

產品定價過低，毛利過低造成惡性循環。

體悟：剛切入創業什麼利基都沒有，大部份都只能價格戰，但價格戰往往會讓創業路越來越辛苦，該思考的是如何發掘產品價值，然後去提出訴求與市場溝通，找尋認同的 TA 做擴散。

不要想所有客人都要吃，先抓小眾找到利基將自己的優勢放大再整合做擴大。

3. 過多整合：

一直想要整合資源卻忘了本職，將時間與資源投入到不該投入的地方。

體悟：人脈固然重要，合作固然重要，但重點是自己的核心交換能

力是什麼？別人憑什麼跟你合作？合作雙方又能得到什麼好處？
當自己還不是個咖時吸引不到好的合作對象，努力先讓自己成為
咖。

4. 合作瓶頸：

當自己還小時很多廠商不太願意配合，因為工廠開發基本上都有
基本量，所以在談合作開發產品上都會遇到瓶頸。

體悟：廠商因為小量不願意開發很正常，但是創業者就是要有不
屈不饒的精神，持續的找，持續的去找工廠談，在還小時能談得
就是願景跟可能性，或許是畫大餅，但也只能這樣談那就這樣談
吧！

努力的去實現自己所說的，會有一些工廠會在小的時候就支持你
跟你配合，這階段也是練習讓自己願景更清楚化的時候，沒有資
本的時候就只能盡可能讓身邊的人，合作的人去看到你的願景，
更重要的是要讓對方看到你的「態度」與「執行力」，讓他們覺
得沒有壓錯寶。

5. 員工流失：

員工流動很快，願景比不上實質薪資福利。

體悟：這是現實的問題，只有大餅沒有實際的食物是沒辦法滿足

的，所以不只要願景領導，最重要的是要做出成績，真的發的出好的薪資福利，這是一定要走的方向。

初期只能找願意信任你的人，會有人相信你，但也會有人不相信，不要氣餒，為留下來的人努力而不只是為離去的人難過，有時要收起脆弱的一面咬着牙做出成績來。

6. 財務計畫：

做財務計劃，永遠為未來多一份準備。

體悟：做生意什麼時候要被倒帳不知道，不要認為不缺錢就不需要跟銀行建立關係，當有了一定的基礎要學習跟銀行建立關係，不一定是要使用過高的財務槓桿，跟銀行打好關係的目的是在需要資金週轉時還能有一條後路，平常借一點還一點建立信用關係也是一種資產。

7. 別人的成功經驗：

別人的成功經驗是別人的，自己做的經驗是自己的。

體悟：剛創業常追逐別人的成功經驗，但別人說出來的成功經驗背後的人事時地物都不一定會上演在自己身上，更多的是太大的成功經驗與策略並不一定適合自己的階段操作，要學的是現在在這個當下需要的資源與下一步的資源，這兩步做的好其實就能前

進，神話式的快速成功經驗就留給神，先學習當平凡人在學習當神，也未必每個人都可以當神。

8. 人脈社團：

嚮往認識許多大老闆，覺得好像接近他就能更成功。

體悟：要認識大老闆並不難，加入一些高端社團其實常有跟大老闆碰面的機會，但重點不是你認識他，而是他認識你。

再者，大老闆丟出的機會如果沒有能力或實力你也不一定接的住，所以還是先專心練練基本功，當實力強了自然會有人來找，先跟自己差不多階層的人合作慢慢往上打，一部分一起爬上去會有革命情感，另一部分是這樣的合作壓力較小也較容易成功。

9. 行銷與產品：

行銷是協助擴散，根本還是產品與服務。

體悟：太多的行銷技巧但推出的產品力不足往往只能賺到一次生意，但做生意最重要的是回購，回購才是根本，好的產品力與服務可以讓推廣更加的容易，但不能只認為自己的產品很好而不動行銷，兩者其實要並進，不斷的優化才能保持一定的優勢去競爭。

10. 合夥人：

合夥人跟夫妻一樣重要。

體悟：合夥必須不斷的溝通與諒解，角色定位分清楚，權力範圍談清楚，利益分配談清楚，小的事不用太計較，合夥最重要是發揮團隊力量去賺大的，只爭小的永遠做不大，那倒不如獨資就好。

合夥生意難做的地方是在於價值觀與溝通，初衷要談清楚，雙方的價值觀企圖心要能一致，遊戲規則一定要訂，即便是一起共同創業的夥伴在公司的定位也要定清楚，發生意見相左時該怎麼溝通與達成共識，學習情緒管理是必要的，好的合夥人讓你上天堂，不然就一起住套房。

以上這些是將這十年來開店的一些學習、經驗、心得集結成這本書與大家做分享，希望能夠對要創業或已創業的朋友有一些幫助。

也祝各位能夠透過創業去改變週遭的一些事物，找到自己的使命與理想，實踐自己的人生價值，圓夢成功。

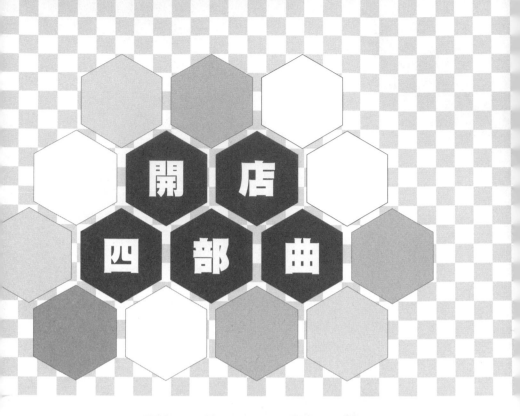

開店四部曲：
利用電商，拓展營收

實體店家、餐飲店家，在這個時代也必須跟上最新的網路趨勢，無論是經營電商、團購，建立自己的網站，或是加入最新的外送平台，都是必要的競爭手段。但關鍵在於，我們有沒有做好成本分析、策略規劃，讓電商真正可以拓展營收，不要做錯了反而讓獲利降低！

外送市場的崛起，
該如何抉擇是否要加入？

餐飲市場是網路業者兵家必爭之地，從團購券、平台紅利積點，到現在最新的外送模式，餐飲業者可以如何選擇最有利的經營方式，達到 O2O 的成效呢？

團購券，對餐飲店家來說有利也有弊

台灣餐飲市場一年的市場量已經突破 5 千億，O2O（線上線下整合）的趨勢也不僅僅在零售業發酵，對於許多網路業者來說，餐飲更是兵家必爭之地。從過去的「團購券」模式，或者利用平台紅利積點吸引消費者與商家加入的模式，都是許多網路平台業者想要搶食餐飲市場的寫照。

過去的作法，多半是利用超值的優惠來吸引消費者使用平台，然

後藉此來吸引商家加入，達到行銷效果，但過去的模式皆較以「價格」來吸引消費者使用，對店家的忠誠度非常的低，消費者不是跟這店家，而是跟著平台的優惠跑。

在平台上，哪家店有優惠就消費哪家，在沒有忠誠度的狀況下，這樣的行銷模式對商家未必有利，幾次使用下來發現無法有效累積顧客，慢慢的也放棄這樣的行銷模式，也導致團購券模式開始萎縮。

以我們自己的經驗來說，提供團購券，可以短期吸引到許多消費者前來，但多半是因為「要便宜」的客人。

待團購券用完之後，這群客人留下的並不多，在團購券活動期間還會擠壓到原本顧客的消費體驗與餐點品質，最後還有可能導致原本願意以原價支持的顧客流失，這樣的模式並不一定是店家所要的模式。

這是過去的 O2O 模式。

外送平台有什麼不一樣？

這波外送平台所掀起的新風潮，又有什麼不一樣呢？

以我自己的觀察來說，這波外送市場所掀起的改變，與過去的 O2O 模式截然不同！

『

　　最大的差異是他並非利用「價格」來做為利基，而是「方便」來取勝。

』

攻的是懶人經濟，並且是扭轉了「消費行為」的一種模式。當消費者因為使用方便而開始黏著，改變消費行為後，這樣的消費行為就會帶動整個餐飲市場的改變，對餐飲市場影響越來越大。

尤其在 2019 年的下半年，我們能很明顯感受到這波趨勢帶來的改變與影響。

但很多店家對外送平台也有疑慮，外送平台抽成至少 30％以上，在這樣的抽成下能賺錢嗎？這也是許多店家所猶豫的地方，到底該怎麼評估與看待這場改變，是我們必須了解的。

是否應該加入外送平台？兩個關鍵要素

以前的餐飲市場約 5 年一次大轉變，但如果網路所帶來的改變進入到餐飲市場，那就會像零售業的經驗一樣。

實體零售受到了電商的影響，電商改變零售市場，改變了整個消費生態，而且改變速度越來越快，這樣的改變速度已經進入到餐飲業，不可不慎。

4-1 外送市場的崛起，該如何抉擇是否要加入？

接下來的篇幅，與大家分析是否要加入外送平台？作為店家，該怎麼思考與抉擇。

是否該加入外送平台必須要先看幾個關鍵要素：

1. 原本的營收是否受到外送平台影響

當你的競爭對手紛紛加入外送平台，那你的業績是否因為這樣的趨勢而下滑了，如果是，那加入平台就會變成不得不的決定。

2. 產能利用率

你所僱用的員工「人效」是否發揮到極限，即便你的店沒有因為外送平台而受到影響，但是否有機會利用外送平台來擴張服務範圍，提升營收與增加獲利呢？

有些餐飲店家，原本就有自己的外送，我們自己的店也有自己外送，但僅能做到：

◇ 針對方圓 5 百公尺內的顧客做外送。

◇ 且尖峰時段無法外送，因為尖峰時段所有人都要做餐。

但還是會有許多顧客無法前來購買或者無法離開所在地，會有外送需求，過去這樣的需求都是直接放棄掉！

但如果今天可以使用外送平台，這些客群反而能夠吃得到，我們的人力就可以專心用在做餐上，把「產能利用率」開到最大，這樣反而是有利的。

利潤會被外送平台都抽走嗎？

大部分的人評估點，都會是外送平台要抽成 30% 以上，那利潤都被平台抽走了，怎麼賺？

這樣的說法似乎不太對：

『

因為給平台的不是「淨利」，而是「費用」，而且這費用是有單與有營收才會發生的「變動費用」。

』

所以在其他費用沒有增加的狀況下，假如可以利用外送平台來提升營收，以百分比來說，其他費用（如人事、租金）的占比反而會降低，這樣反而是會有新的利潤空間出來的。

但是有一種狀況要特別注意！

就是你的店的產能利用率已經滿載，如果使用外送平台提升了業績，反而會導致做餐做不出來，或者影響到原本的顧客與出餐順序、出餐品質。那這個時候，就必須很謹慎的思考是否要加入平台。

因為如果你的店家產能利用已經滿載，加入外送平台後，還要多請一個人來做外送增加出來的需求量，這樣就未必划算。

加入外送是否提高獲利的分析表

以下讓我用幾張報表來說明。

一、營收不受其他外送影響，人效已發揮到最高

		店面營收	
銷貨收入		$ 400,000	100%
-)銷貨成本			
		$ 160,000	40%
銷貨毛利		$ 240,000	60%
-)營業費用	人事	$ 110,000	27.5%
	租金	$ 25,000	6.3%
	水費	$ 800	0.2%
	電費	$ 10,000	2.5%
	網路費	$ 800	0.2%
	瓦斯費	$ 4,000	1.0%
	其他支出	$ 3,000	0.8%
營業淨利		$ 93,400	23.4%

假設這是你店面的營收報表，在不使用外送平台的狀況下，人事成本控制在 27% 左右，在外送平台加入市場後，如果你的營收能保持不受影響，那可以選擇「不加入」外送平台行列，因為這樣可以取得最好的淨利率。

二、營業受外送平台影響，但還是選擇不加入

		店面營收	
銷貨收入		$ 300,000	100%
-)銷貨成本			
		$ 120,000	40%
銷貨毛利		$ 180,000	60%
-)營業費用	人事	$ 110,000	36.7%
	租金	$ 25,000	8.3%
	水費	$ 800	0.3%
	電費	$ 10,000	3.3%
	網路費	$ 800	0.3%
	瓦斯費	$ 4,000	1.3%
	其他支出	$ 3,000	1.0%
營業淨利		$ 33,400	11.1%

如果你的生意開始受到外送平台影響，營業額從原本的 40 萬掉到了 30 萬，在費用不變的狀況下，淨利率會掉到 11.1%。

這時候要思考一個問題，如果你害怕被平台抽成，而選擇不加入外送平台，人事費用的百分比會從 27.5% 提升到 36.7%，大大的影響到淨利率。

三、生意受到影響，利用外送平台來回到最高點

		店面營收	外送營收	
銷貨收入		$ 300,000	$ 100,000	100%
-)銷貨成本				
		$ 120,000	$ 40,000	40%
銷貨毛利		$ 180,000	$ 60,000	60%
-)營業費用	人事	$ 110,000		27.5%
	租金	$ 25,000		8.3%
	水費	$ 800		0.3%
	電費	$ 10,000		3.3%
	網路費	$ 800		0.3%
	瓦斯費	$ 4,000		1.3%
	其他支出	$ 3,000		1.0%
	外送抽成（35%）		$ 35,000	8.8%
營業淨利		$ 33,400	$ 25,000	
總淨利			$ 58,400	15%

如果你的生意受到影響，從 40 萬的高點掉到 30 萬，利用外送平台做回到高點，淨利率雖沒有辦法回到原本 40 萬不使用外送平台那麼高，但會比 30 萬不使用外送平台來的好。

最大的關鍵要素來自於「產能利用率」，如果今天生意已經受到外送平台影響，沒有加入造成營收下降，那加入外送平台就變成了一種不得不的策略。

這其實也是許多店家被迫加入的最大主因。

四、原本的產能利用率已經最高，是否加入？

		店面營收	外送營收	
銷貨收入		$ 400,000	$ 100,000	100%
-)銷貨成本				
		$ 160,000	$ 40,000	40%
銷貨毛利		$ 240,000	$ 60,000	60%
-)營業費用	人事	$ 110,000	$ 28,000	27.6%
	租金	$ 25,000		6.3%
	水費	$ 800		0.2%
	電費	$ 10,000		2.5%
	網路費	$ 800		0.2%
	瓦斯費	$ 4,000		1.0%
	其他支出	$ 3,000		0.8%
	外送抽成（35%）		$ 35,000	7.0%
營業淨利		$ 93,400	$ (3,000)	
總淨利			$ 90,400	18%

本來的產能利用率已經開到最大，要再用外送平台來擴充市場划算嗎？

我們用這張圖表來說明，如果本來生意已經滿載，在使用外送平台勢必人事會負荷不來，需要再增加人事成本。

假設再請一個員工薪資 28000 元的話，那即便一個月使用外送平台增加了 10 萬塊生意，實際上還倒虧了 3000 元，淨利從 93400 元掉到 90400 元，雖擴充營收，但實際上並沒有提升淨利率，那這樣加入平台未必划算。

總結以上，可以得出結果：

1. 產能利用率本身已經滿載，在這樣的狀況下加入外送平台即便能擴充營收，但未必能提升淨利率。

2. 如果生意已經因為競爭對手加入外送平台，消費族群被瓜分而受到了影響，在產能閒置的狀況下加入外送平台還是會比沒加入的好。

加入外送平台要有的「配套策略」

使用外送平台應注意事項與因應策略：

1. 外送平台目前為一股熱潮，什麼時候會退燒不曉得。開店首重要顧好願意到店裡消費的顧客！

2. 尖峰時刻要謹慎使用外送平台，可以盡量利用離峰時刻使用外送平台來提升營收。

3. 但還是要鞏固原本的來店客。

4. 提升自我價值：這部分還是需要不斷思考該怎麼樣提升自我價值，讓消費者願意到店消費，而不使用外送平台服務，這樣才能確保取得較好的淨利率。

隱形廚房可行嗎？

有了外送平台，很多人開始想要反其道而行，所謂的隱形廚房可行嗎？

有許多人開始討論如果加入外送平台，就不需要開設好地點的店面，租個巷弄使用外送平台就可以。

這時候，我建議還是可以參考上面的報表，來仔細精算看看。

『

　因為外送平台抽成很高。而開店最大的費用其實不是房租，而是「人事」成本！

』

開在巷弄內，代表僅外送平台一個「通路」在協助銷售。但看上面的報表會清楚知道，大部分的費用還是需要顧客來店，沒有被抽成的狀況下，才有辦法應付整個成本。

所以使用隱形廚房除非是要測試產品與市場，不然這樣的策略不一定能長久，且還要承擔外送平台不曉得什麼時候退燒的風險，必須審慎的考慮才行。

這波外送平台的崛起，代表的是科技所帶來的劇變已經滲透到了餐飲業，未來變化速度只會越來越快，要學的東西會越來越多，已經不像過去單純做好產品就會有客人的時代，這是餐飲業者未來需要共同努力的地方。

Google 在地商家
的申請與應用

餐飲實體店在數位行銷上有一個重要的工具不可不知道，而且是免費的功能，就是「Google 在地商家」。

經營實體店家，通常是要滿足「所在地點附近」的特定消費需求。既然如此：

『

你要如何讓顧客知道「在他附近」有一家可以買到他所需要的東西的店家呢？

』

除了靠發傳單、做 LINE 行銷等方法外，還有一個「讓顧客不請自來」的方法，就是利用 Google 地圖。

現在很多人要找店家，都會打開手機的 Google 地圖搜尋，所以如何讓這些人在搜尋時，會找到你的店呢？這就需要好好地建立自己的「Google 在地商家」。

什麼是在地商家？

例如：當我利用 Google 搜尋引擎搜尋「素食」的時候，現在 Google 會抓你「所在地附近最相關」的店家資訊提供給你，並且出現在最上面版位，這就是「在地商家」。

這一塊對於店家的搜尋曝光非常的重要，有申請就容易曝光，可以開發到許多潛在顧客群。

要怎麼申請 Google 在地商家呢？

步驟 1：直接上 google 搜尋「在地商家」，會出現在前面。

步驟 2：點選「馬上試用」，填寫店家基本資料後就可以開始申請
流程。

步驟 3：會有「郵件驗證」與「電話驗證」兩種方式，但未必每家
店都能使用電話驗證，如果可以使用電話驗證會出現可以
選電話驗證的選項，如果不行，一般來說都是使用「郵件
驗證」。

郵件驗證就是 google 會在 14~16 天內寄發「明信片」到所在地（是的，郵件驗證是指實體的信件）。

明信片上面會有驗證碼，將驗證碼登入後台輸入後，就可以開始編輯後台了。

步驟 4：後台介面會是這樣，可編輯各種店家資訊。

一定要先新增的在地商家資訊

有幾個地方剛開始就需要去編輯，例如：「照片」裡的「業者提供」。

因為剛開始還不會有客人上傳照片，消費者通常搜尋到在地商家會觀看評語與照片，菜單來評估是否到這家餐廳用餐，所以自己先把照片上傳，可以讓有搜尋到的潛在消費者更加了解我們的店，進而吸引他來用餐。

可以放一些：

◇產品照片

◇菜單

◇店面擺設的照片

這些都是消費者在意的地方，自己先建立起來就能吸引消費者進門。

資訊的部分也要填寫，像營業時間這部分就很重要。

另一個很重要的地方就是「標籤」，可以多想一些「消費者會搜尋什麼？」的角度去填寫標籤，或者跟自己業態相關的標籤填上去，這部分會幫助自己的在地商家更容易「被搜尋到」。

用在地商家追蹤顧客評論、開店成效

評語的部分也記得要經營喔！這些都是消費者會關心與會看的部分，有時即便有負評，也不用擔心，反而更應該用心回覆。

消費者也會看店家的回覆態度，對店家產生正面或負面的印象，所以有沒有去經營這一塊也很重要。

初期可能會給評語的客人不多，這部分也可以辦點小活動，邀請老客人上去幫忙評分，未必要限制一定要五顆星，因為都五顆星看起來也不自然。

會留言的老顧客通常不會給太低，可以請老客人就自己的感想去寫就好，這樣會比較自然一點。

後台也會有一些分析數據，可以看看顧客到底是怎麼找到我們的店的（這部分就可以把搜尋名次比較高的填到標籤裡面），提升搜尋度。

在地商家算是對實體開店者非常有幫助，而且免費的工具，要開店的你一定要知道，開了店的朋友也記得一定要去申請喔！

4-3

餐飲業如何切入電商市場？
商品設計與成本結構

餐飲業的發展通常會受到商圈的限制，如果要擴張市場通常是利用「展店」來提升營業額。但展店其實需要承受店租等等更大成本，除了展店外，就沒有別的方法嗎？

有時候可能有些客人對我的產品有興趣，可是我們沒有辦法在他所在地服務他，即便我們的理念很好，產品很好，顧客也很想支持，礙於現實還是無法服務到他，這樣不是很可惜嗎？

這也是我在經營自己的早餐素食連鎖店時，不斷碰到的問題，有許多客人在粉絲頁上看了我們文章很久，也很支持我們理念，但附近就是沒有我們的店可以服務他。

這是我過去一直在思考與探討與問題，也讓我最後實際切入電商來摸索，慢慢的找出一些除了展店之外的營收提升方式。

也就是這個篇幅要與大家分享的重點，餐飲如何切入電商市場？

產品如何針對電商商品化？

一般實體店家的餐飲製作，通常是顧客點餐後製作，交給顧客，然後現吃。這樣的交易流程是短的，但如果餐飲要進入電商，第一個要考量的就是該怎麼將產品給「商品化」的問題：

『

> 也就是要能夠拉長產品保存期限，才有辦法做宅配運送。

』

有幾個要點需特別注意：

1. 保存期限拉長的問題

比較常見延長保存期限的方法，通常有分：

◇「冷凍」

◇「高溫殺菌」

◇「超高壓殺菌」

◇「添加抑菌劑（防腐劑）」

等方法，會依每種食品總類有所不同。

因高溫殺菌與超高壓殺菌通常需投資大型設備，才比較有辦法進行，如果是餐飲業的我們要將產品商品化，通常可以使用「冷凍」方式來做。

如果真的需要高溫殺菌（可常溫保存食品），那就需要有殺菌設備的廠商幫忙做殺菌的動作。

2. 產品標示的問題

如果是要拿來販售的食品，就不像餐飲那麼單純，做一做給客人就好，一旦要成為「食品」販售，就會需要遵守「食品法規」。

食品上需揭露資訊有以下幾個：

◇品名

◇成分（成分內容物需依含量由高至低標示，添加物的部分需展開揭露）

◇過敏原（過敏原強制優球需要標示有蟹、蝦、花生、牛奶、蛋與芒果），是否為基因改造原料也需標示清楚。

◇廠商資訊（公司、聯絡電話、地址）

◇有效日期

◇8 大營養標示：熱量、蛋白質、脂肪、飽和脂肪、反式脂肪、碳水化合物、糖、鈉。

營養標示需送檢驗單位檢驗，取得檢驗報告標示於包裝上。

以上這些，是將餐飲產品「商品化」的第一個門檻。

這過程還需要考量到一個很重要的問題：

『

　產品經冷凍或高溫滅菌後的口感，是否能維持原本的風味。

』

餐飲因為都是現點現做，比較不會有風味影響的問題，但如果要做成宅配品，在進行保存時，因需要低溫或高溫處理，有些食材在這樣的環境條件下食材會產生破壞，這樣的產品就比較難商品化。

需要去克服保存後，經過還原加熱，食用時還能保有風味，這是要特別注意的部分。

電商商品的包裝設計與材積

如果要使用冷凍宅配來做冷鏈電商，有一個部分是非常重要且要注意的部分：

『

就是在設計產品時的「材積」問題，這會影響到你的「運費成本」。

』

冷凍配送的運費成本是佔比蠻重的一個成本，如果沒有精算好成本，很可能利潤都會被運費給吃掉，最後等於做白工ˋ！

為什麼材積很重要呢？

一般宅配通常是用箱子的三邊尺寸長度來計算運費級距，以黑貓冷凍宅配來說，有 60 公分、90 公分、120 公分（箱子的長寬高三邊總長度）三種規格級距，那每一個尺寸箱子裡面可以放多少貨？會決定了運費佔一張客單的比例是多少，這邊用幾個圖表來說明。

	以90公分計算	百分比
一箱能裝貨品金額	1000	100%
運費佔比	210	21%

	以90公分計算	百分比
一箱能裝貨品金額	1500	100%
運費佔比	210	14%

	以90公分計算	百分比
一箱能裝貨品金額	2000	100%
運費佔比	210	11%

我用我們比較常出貨的規格 90 公分的尺寸，運費 210 元來舉例說明：

1. 只能裝 1000 塊商品，那運費比例為 21%

2. 能裝到 1500 塊商品，運費比例為 14%

3. 能裝到 2000 塊商品，運費比例會降到 11%

所以在設計產品時，「材積」與「訂價」，其實會是很重要的獲利關鍵，這是與實體店面餐飲很大不同的地方：

『

必須把產品的「大小」算入「成本」中。

』

電商產品一定要算進廣告費成本

電商經營基本會產生的費用有以下幾個：

1. 營業稅：營業額 5%

2. 網站平台費用：每家網站不太一樣

3. 金流：

◇信用卡約 2%（各金流平台或銀行會有些許差異）

　　◇貨到付款依金額計算（黑貓宅配）：2000 元以下 30 元、2001
　　元 ~5000 元 60 元、5001 元 ~10000 元 90 元

4. 廣告費：10% ～ 30%。

5. 物流費用：每家不同

這邊說明一下為何廣告費的差距會這麼大。

因為做電商不像開店，開店只要選好地點可能就會有人潮，開店
付的是「租金」，越好地段人潮可能越多，租金越高：

『

　　但做電商的人潮稱為「流量」。

　　　　　　　　　　　　　　　　　　　　　　　　　　　　　』

如果只是架好網站而沒有流量，就像店開在很偏僻的地方，完全
沒有人潮一樣，很難有「成交」出現。

所以在切入電商時必須要有「購買流量」的準備，也就是會有「廣
告費」的產生。

要進入電商，在做整個成本預估時：

『

　　必須把廣告費給算進去，再做你的電商產品定價。

　　　　　　　　　　　　　　　　　　　　　　　　　　　　　』

有許多人在做電商很大的一個問題就是沒有做出足夠的毛利來購買流量，所以在推動上就會變得很吃力。

但廣告費的費用高與低，影響要素非常多，通常我們會用一個專有名詞「轉換率」來說，轉換率越好有可能廣告費就越低，轉換率越差廣告費就可能會變高。

影響轉換率的要素我們在下一個篇章會說明，這邊先讓大家了解電商與餐飲很不同的地方，就是必須在成本計算與訂價時將「廣告費」算進去成本中。

電商的物流，不只看價格，品質更關鍵

物流的成本，依每家不同，也會依寄件數量可談判價格而異。

這是黑貓低溫宅配 2019 年參考價格（可上黑貓宅急便官網查詢）：

包裹尺寸	60公分以下		61公分~90公分		91公分~120公分		121公分~150公分	
本島寄件	本島互寄	本島寄往離島	本島互寄	本島寄往離島	本島互寄	本島寄往離島	本島互寄	本島寄往離島
常溫宅急便	130元	220元	170元	280元	210元	320元	250元	360元
低溫宅急便	160元	260元	225元	340元	290元	400元	暫無提供	
經濟宅急便	台灣本島互寄(離島暫無提供)，不分單一價95元							
高爾夫宅急便	台灣本島互寄(離島暫無提供)，不分單一價310元							

在物流部分也有其他貨運可以選擇，黑貓算是低溫物流方面價格最高的，但相對的服務品質與客服處理上也相對較佳。

在物流選擇上，不是只有價格要考量，還要考量到你的商品會不會怕運送過程碰撞？失溫問題？再者就是在顧客發生物流端問題時，物流端的客服處理狀況？問題回報速度？等等。

『

物流的品質，會直接影響到顧客的「消費體驗」，
也會變成決定是否「再次回購」的關鍵要素。

』

以上這些費用，是做電商與餐飲上，比較不同的費用，當然還要計算人事 / 租金 / 水電等等問題，但因為這邊談的比較是本身已經是餐飲業，利用原本的設備與產能如何兼做電商區塊，所以整體的人事與其他費用攤提上，會看您本身現有的餐飲費用而定。

這篇文章，最主要是讓大家了解，從餐飲轉進電商的初步商品設計該怎麼做，還有了解會有哪些成本結構。

讓我為大家整理幾個重點：

1. 產品商品化過程要思考產品於殺菌過程加熱或冷凍所產生的食材變化問題，回熱食用時是否會影響風味。

2. 食品需要遵守食藥署食品規範，相關的檢驗與標示不能遺漏。

3. 商品的材積會影響一個紙箱能裝多少貨品，亦會影響宅配運費所佔的百分比結構，必須把宅配運費算入成本計算中，要先測試一個紙箱最多能裝多少價值的商品。

4. 電商與餐飲不同的是需要購買流量，所以在做財務預估時需把流量成本算入，來回推毛利是否足夠，才進行訂價策略。

電商如何收單，
與網站建置該注意的事

電商不是有東西賣就好，要在哪邊賣？怎麼收單？從小量到大量，從初期到有更多預算，我們可以如何一步一步嘗試與規劃？

當電商商品的問題解決，可以宅配的問題解決後，接著就是開始規劃如何「收單」這件事了。

收單通常有幾種模式，這篇文章來一一為大家介紹。

利用粉絲團私訊，或 Line 人工收單

初期如果還不知道如何架設網站，不用想的太複雜，或許可以先從有經營的 FB 粉絲團私訊功能，與 Line 開始進行人工收單。

雖然這樣做的可處理量不會大，但可以先對你的顧客釋放一個訊

息：「我們店家的產品有在做宅配」。

如果既有客人，或者是已經長期關注的粉絲，但因為無法到店而無法成為客人，可以先從這一群人著手進行，先想辦法把商品服務推出試水溫，在初期少量的接單中，建立與了解整個宅配的流程該如何進行。

建立 Google 表單來快速收單

Google 表單算是初期經營電商，不想依靠平台，但有想要經營更大量的團購時，一個不錯的方式。

尤其當你還沒有架設自己的專門電商網站前，可以做為網站架設前期經營的工具，用來累積經驗，這樣可以在網站要架設時，更清楚知道自己的需求。

Google 表單的中請只要上 google 搜尋「google 表單」就可以進入製作頁面，就可以開始製作表單。

這邊也提供一位好朋友的實際案例給大家參考，好朋友是位講師，因為媽媽會做腰果糖，剛開始也是人工收單宅配，後來開始利用 Google 表單，加上銷售頁的設計，做成了一個收單頁面，簡單好操作，也好大量收單。

下面這是他的銷售頁。朋友用的是 wordpress 架站平台架了一個簡易網站，先請了銷售頁設計公司，協助製作了一個「銷售頁」（後面篇幅會介紹銷售頁）。然後給予一個「馬上訂購」連結，點擊連結後會進入「google 表單」進行資料填寫。

下圖就是 google 表單製作的收單介面，可以簡單說明一些注意事項，並設計要請顧客填寫的欄位。

這樣就不需要串接金流與物流（一律使用貨到付款即可），就能完成最基本的收單動作。

還沒做網站與銷售頁前，可以先建立 Google 表單，然後在推廣文章上放上表單連結，讓有興趣的顧客可以填寫表單訂購，這是一個最基本進行的作法。

架設銷售網站

第三個收單方式，也是門檻比較高，但比較專業的方法，就是「架設網站」啦！

架設網站有兩種選擇，一種就是找「開店平台」系統來架站，坊間較知名的幾個開店平台有 QDM、WACA、91APP、shopline、一頁商店等等，這些是較多人使用，且穩定性比較高，該有的功能也幾乎都有的開店平台，可以多去了解，來評估自己的需求。

第二種方式就是找坊間的獨立網站公司做網站，找獨立網站公司的好處就是比較能夠客製化，針對自己的需求來擴增或修改功能，但相對的門檻也比較高，一部分是費用會因客制內容不同而異，從幾萬塊到幾百萬的網站都有。就像開店有攤販也有餐廳，一樣都是餐飲業，但門檻是不同的，網站也是如此。雖然看起來好像都差不多，但實際上後台的功能性不同製作價格也會不同。

『

但我不建議剛開始就找網站公司架站，因為如果不懂自己的需求，通常架出來的網站並不一定能用或者真正做好「電商」這件事。

』

我們自己公司的經驗是，初期是要做公司形象網站，然後找了網站公司製作了一個形象網站，因為要製作網站時朋友建議可以加個購物車，有機會可以賣賣看東西，而這樣踏入電商領域。

但在學習電商的過程中，我們才發現許多人在談論的電商操作功能，我們原本的網站都沒辦法支援！才開始重新蒐集需求，最後蒐集完畢後，才請已經在電商領域操作有成績的朋友介紹他的網站公司給我，然後洽談與製作我們的網站。

其實這樣一來，算是走了一些冤枉路。

以下是製作電商網站必須要特別注意的事項。

1.RWD 功能

RWD 又稱為「響應式網站」，響應式網站就是能隨著電腦 / 平板 / 手機螢幕尺寸的不同，來「自動」調整網站的圖片格式與內容的網站。

因為現在人使用手機上網的機率比較高，如果製作的網頁不適合手機閱覽，還要自己用手指放大才能看清楚文字，這樣不好的瀏覽體驗，通常會讓人點入後就直接跳開，會浪費了流量進入網站轉換的機會。

所以在製作網站之前一定要跟網站公司確認好是不是「響應式網站」。

2. 埋設 FB 像素

因為自己架設網站後有一個重要的工作是「引流量」到網站中，FB 會是導入流量很重要的一個流量來源，電商與餐飲最大的不同，就是電商可以針對這些流量來進行「記錄」與「追蹤」的動作，利用這些紀錄追蹤數據，來判斷消費者行為，或為後續的行銷做使用。

「像素」就是在網站架設時，在特定的頁面埋入「追蹤碼」，這些追蹤碼的功能就是紀錄流量行為。

一般較常埋設的頁面與事件有：

◇「瀏覽頁面」
◇「加入購物車」
◇「進入結帳頁」
◇「購買」

舉個例子來說明像素對後續行銷的重要性。

例如今天有一個客人，看到你 PO 出的銷售訊息，對你的產品感興趣，進入你的網站產生「瀏覽頁面」的行為，但因為當下他可能沒有時間看很久，或者剛好搭捷運要下車了，他就關掉手機了，沒有繼續進行下一步，那就可以針對這樣的流量做下一次的「行銷」行為。

因為他「可能」對你的商品已經產生興趣，產生了「瀏覽頁面」的行為，那下一次的廣告我可以把這樣的受眾做成一個群組，然後再推播廣告給他，促使他進行「下一步」。

下一步可能是「加入購物車」，或者有一定機會會進行直接購買，這就是「像素」的重要性。

這也是電商與店面經營最大不同的地方：

『
　電商可以針對流量的行為產生紀錄，進行下一步的
　行銷行為，我們也稱這為「銷售漏斗」。
』

就是讓顧客從對商品感興趣，瀏覽頁面，加入購物車，進入結帳，再進行購買，這樣整個的行為流程。而當我們可以追蹤記錄每一個從 Facebook 進來的人的行為，下一次我就可以做出更精準的廣告推送。

所以像素對於要操作電商非常的重要，在製作網站之前，一定要
確認網站公司是否會安裝像素（也要能安裝對，安裝錯誤所得到
的數據也會是錯誤的）。

3. 埋設 GA 報表

GA 的全名是 Google Analytics，是 Google 一個免費功能，用來記錄
網站的報表數據，算是做電商必備的工具之一，可以偵查網站的
流量來源，轉換率，訪客使用裝置等等許多的數據分析工具。

所以在網站製作之前一定要了解網站公司是否有辦法埋設 Google
Analytics，這樣後續才有辦法針對 GA 的數據，進行各項的觀察與
優化動作。

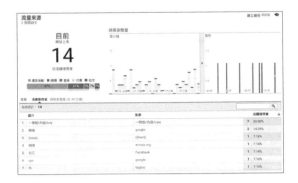

如何知道流量從哪個渠道來？

電商與實體店不同的是，實體店有可能人潮就是每天經過店面的
人，有點固定，我們也無從得知這些人是從哪裡來的，頂多是直

接問客人，但不可能一個一個問來了解從哪邊來，但電商可以透過數據來了解到我的流量是從哪個渠道來的，如果來自那個渠道的轉換率夠，就可以加強行銷預算的分配來達到更好的轉換效果。

GA 就可以從報表中去了解流量從哪邊來，但我們需要在曝光渠道上的連結網址做一些技術上的標記，如上圖 GA 報表中的顯示，可以看出訂單來自哪些來源與媒介。

我們只要在網址的後面加上能讓 GA 偵測的追蹤碼，例如：

◇來源：utm_source= 來源

◇媒介：utm_medium= 媒介

只要在網址的後端加入這兩個追蹤碼，就能在 GA 報表中顯示出流量是從哪邊來的。

舉一個實際操作案例。

假設今天我要在 Line 官方帳號發布一個雙 11 活動訊息，想要推的是一個猴頭菇商品，該怎麼操作？

1. 擷取商品頁網址：https://www.dlsveg.com.tw/index.php?module=product&mn=1&f=content&tid=153011

2. 設定來源：猴頭菇雙 11 活動，媒介：Line 官方帳號

那我們就在網址後方加上「 & utm_source= 猴頭菇雙 11 活動 & utm_medium=Line 官方帳號」

完整網址為：https://www.dlsveg.com.tw/index.php?module=product&mn=1&f=content&tid=153011 & utm_source= 猴頭菇雙 11 活動 & utm_medium=Line 官方帳號

這樣只要點擊這個網址（當然，你可以把其轉換成短網址後分享），GA 報表那邊就會顯示從這個地方來的來源與媒介。

一樣的，如果今天是要在 FB 上貼文，我們可以把媒介改為「FB 貼文」，這樣就可以分別我們的流量是哪邊來的，透過報表的觀察了解我們前端的流量渠道取得，以進行優化。

縮短網址應用

因為這樣的網址通常會太長，所以我們會在進行一個「縮短網址」的動作。

常見的短網址工具有 bit.ly、Lihi.io、reurl.cc，這幾個短網址工具是在台灣比較常見人使用的。

只要將上面我們的網址放到這些網頁上去輸入，就能取得一個新的短網址，再將這短網址放到想要放的頁面上進行導流，就可以了。

這幾個短網址有的有支援來源與媒介的格式，例如 reurl.cc 的頁面就可以直接填寫來源與媒介，只要填入就可以，不需要再自行打上 utm 的動作，相當方便。

埋入 utm 後我們就可以透過 GA 報表來看到我的訂單是來自哪個來源與媒介的，可以進行這方面的數據收集與分析。

串接金流與物流

製作網站還有一個很重要的部份，就是串接金流與物流。

要先詢問一下網站公司目前支援的金物流系統有哪些，如果沒辦

法串接金流與物流，就很難做好電商區塊，串接起來操作的順與不順，也會影響日後會不會因為操作不順頻頻掉單的問題。

這部份會建議請網站公司提供既有的客戶網站，然後你實際操作看看，從加入購物車、資料填寫、結帳選擇、刷卡流程到整個訂單確認送出訂單，這些功能操作起來：

◇順不順暢
◇夠不夠直覺化
◇需要幾個點擊行為（越多點擊與填資料的動作掉單機會越高，因為顧客可能操作太多介面覺得麻煩就不訂購了）

這些都很重要，是影響轉換率很重要的關鍵之一。

以上這些，都是在網站架設之前必須要先了解的功課，好的網站會幫助你上天堂，不好的網站會讓你住套房，所以事前功課一定要做，最好是先到許多電商平台去下單比較看看，了解哪些功能是自己所需要的，先做好功課再與網站公司洽談與比較是最好的。

如果是預算問題，盡量選可以做到的功能完整，但可以低門檻先進入，後續再透過加購功能來擴充服務，這樣的網站公司是最好的。

因為後續的優化與維運，是電商經營很重要的一環，如果一直換網站都是大工程，所以最好選擇有持續在進步、更新功能的網站公司，這樣才能應付瞬息萬變的電商市場。

經營電商如何導入流量？
經營會員？

**經營電商，不是只要用新管道賣產品就好，如何導入顧客流量？
購買後如何經營會員？這都和傳統的實體店面不同，但也是電商
能夠提供銷售獲利的兩大關鍵。**

當找好接單模式之後，再來就是要思考如何導入流量的問題了。

電商的營業公式

在談導入流量之前，還是需要先談點理論上的公式，幫助大家將
邏輯建立才有辦法往下延伸方法論。

『

電商的營業公式：營業額=流量＊轉換率＊客單價

』

舉個例子，今天有 1000 個流量進入網站，轉換率 1%，客單價 1000 元，那營業額 =1000*1%*1000 元 =1 萬元。

以這個公式來說，我們要做營業額要思考幾個部份，下面一一為大家解說。

如何導入免費流量？千萬不要只這樣想！

流量有「免費流量」與「付費流量」，大部分的人都會希望找到免費平台來得到免費曝光與流量。

『

如果是做做小生意，那或許還可以思考免費流量來源，但如果希望營業額越做越大，那就不能單純只是靠免費流量。

』

而是必須思考「如何購買付費流量」，也必須把「流量費」算入你的成本結構當中。有許多人生意做不大就是因為只利用「免費

流量」做生意，但成本結構沒有把流量購買費用算入，那當免費流量取得到達一個瓶頸之後，是沒有預算去購買流量的！

這樣就會卡在一個天花板上不去，這是很重要的一個觀念問題。

在台灣，流量導入比較大的入口分別為 FB、google、yahoo、IG、youtube，這幾個入口是流量匯集最大的地方，獲取流量也通常從這幾個平台上獲取為最多。

免費流量通常有幾種：

　　◇FB 粉絲團

　　◇FB 社團

　　◇網站 SEO(關鍵字)

　　◇IG

　　◇youtube 的影片連結

這幾個地方算是免費流量比較能獲取的地方。

但通常在獲得免費流量之前，都需要先確認自己的 TA（目標受眾），然後經營無論是 FB 粉絲團，或者 FB 社團，才比較有機會將這群人匯入自己的網站中，成為自己的流量。但這些都是需要長時間去經營的。

『

免費流量雖然免費，但最大的成本是經營的「時間」。

』

如果是創業初期，沒有太多資金，那就要花時間去經營，才比較有機會利用到免費流量。

免費流量兩大關鍵：SEO 與內容行銷

1.SEO 關鍵字行銷：

另一種比較專業的免費流量獲取為「關鍵字」行銷，專業術語稱為「SEO」，因為 SEO 涉及的專業程度較深，這邊稍提一點關鍵字行銷作法即可。

因為關鍵字設定如果能在網站製作之前就先想好，然後請工程師將一些關鍵字寫入網站程式語法中，那更能加強網站的關鍵字排名，提升免費流量的來源。

在思考要設定哪些關鍵字之前，可以利用 google 工具「Google Trends」來尋找關鍵字的搜尋量熱度，這個工具可以了解想要做的關鍵字被搜尋量多寡。

『

盡量做被搜尋量高的關鍵字，效果會來的好一些。

』

但相對的，搜尋量越高的關鍵字競爭也會越激烈，是兵家必爭之
地。

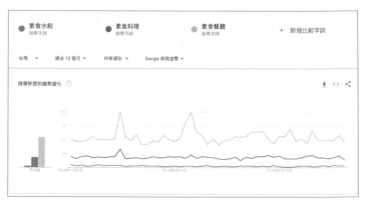

2. 內容行銷：

另一個有效的免費導流方式就是利用「內容」來吸引流量，但在做內容導流之前，跟前面篇幅談的粉絲團經營概念相似，必須先確認好 TA 屬性，針對 TA 喜歡的內容與議題進行內容規劃，再來進行內容撰寫的部分。

> 在架設網站時，可以尋找有部落格功能可編輯的網站。

這樣就能在網站中製作內容，再利用社群平台來進行擴散的動作。

但要切記一點的是，內容定位一定要做好，如果今天內容議題錯誤，吸引到非目標客群的流量，那反而會讓網站內的像素（記錄流量數據）亂掉，這樣會導致在進行廣告投放時反而無法精準針對目標族群做更深層的投放！

廣告投放我們下面會有一點篇幅來說明，要記住以下流程：

> TA定位＞內容議題規劃＞社群散播＞導流進站＞針對進站流量進行再行銷

利用內容引流最主要的目的是先利用「議題」與「社群」來找出比較精準，可能會購買的 TA，這樣可以省去前面利用廣告來找的費用。如果的廣告預算夠也可以直接利用廣告來找會購買的 TA，但初期往往廣告預算不夠，所以銷售漏斗的前端可以利用內容行銷來做。

這樣可以省去前端引流的預算，將預算拿來對已經瀏覽過網站，比較確定是 TA 的受眾進行再行銷。

好的內容，對 TA 有幫助的內容，也可以為文章的 SEO 加分，如果 Google 判斷你的文章是有價值的，就會給較好的網站排名，這樣就可以提升自然流量的進入，降低流量成本。

如何使用付費流量？

接著談談付費流量，每個免費流量的來源也都會有付費流量的取得方式，要在社群平台取得流量：

◇一個管道就是「創作內容」，幫平台做好優質內容，平台就會給你流量。

◇另一個部分就是「付費」來曝光取得流量。

這邊重提一個概念，如果只是要小小的做，那可能可以利用免費流量來經營，慢慢的做，或者維持獲利的慢慢擴張。

但如果要做更大的規模，那就必須把「流量預算」思考進成本結構中，這樣才有預算來購買流量。

這個概念就像開店可以開在巷子裡，利用產品力與口碑慢慢的去擴散，這樣就可以省下昂貴的租金。但如果想要做的更好或更有品牌曝光力，那就要想辦法即便租一個昂貴的店面租金。而在後者的情況中，還是可以做得很好，這可考驗的就是經營能力了。

廣告投放是一門專業學問，我們的篇幅很難一次介紹完畢，這邊以介紹廣告工具與版面為主，其更深入的投放，我會建議找一些廣告投放課程先補充專業知識，再與專業的廣告投放公司合作來獲取更多經驗值為佳。

1.FB 廣告

FB 可以投放到的版位，包含在 FB 點文章內容內看到的廣告、IG 廣告，這些都是透過 FB 廣告投放平台去做投放的。

2.Google 廣告

Google 廣告有以下幾種類型：

◇關鍵字廣告
◇多媒體聯播網
◇ google 購物廣告

關鍵字廣告通常就是顧客想要搜尋什麼想要知道的東西，然後出現在最上頁，有出現「廣告」字眼的，就是屬於「關鍵字廣告」，簡稱 SEM(Search Engine Marking 搜尋引擎行銷)，SEM 下方的搜尋露出，沒有廣告兩個字的稱為 SEO(Search Engine Optimiztion 搜尋引擎最佳化)。

多媒體聯播網，是 Google 有推行一些聯盟行銷制度，可以在自己的網站或者部落格當中去坎入廣告版位。如果我是一個部落客，在我的部落格裡面坎入 google 廣告版位，然後寫文章去獲取流量，google 會把一些廣告放入我的部落格中進行曝光，也會針對曝光來分潤給內容創作者，透過這樣的合作模式，讓許多部落客願意坎入 google 廣告版位，然後我們就可以透過 google 來投放這些廣告版位。

類似這樣的概念，就會在部落格當中出現我們的廣告，就是使用多媒體聯播網去進行投放。

Google 購物廣告是比較新的廣告型態，過去的 google 廣告大部分是以文字為主，但現在搜尋的第一欄版位開始放上有圖片與價格的購物廣告，這樣可以更方便消費者直接用「圖片」來進行搜尋，效果會比其他的廣告效果來的好。

以上這些是免費流量與付費流量的一些來源介紹，因為流量來源有非常多種形式，我們的篇幅無法一一的介紹，所以只是讓各位讀者了解，如果要做網路生意，要從哪些方向進行思考與著手，下面我們再用一張圖來說明整個流量的工作流程與方式。

電商經營導引流量流程

這是一個銷售漏斗的模型圖。

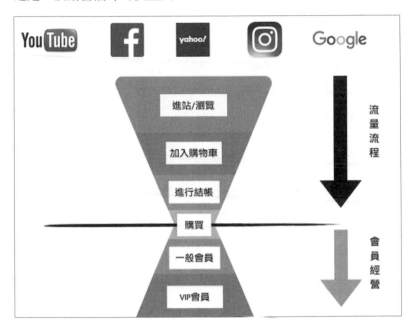

無論我們要利用免費流量還是付費流量，都需要有一個「銷售漏斗」的概念，以現在的網路生態，雖然現在的廣告系統都可以利用受眾設定來找尋較容易購買的人，但不像以前可能因為新奇或者嘗試者眾，可以利用一兩次的接觸就能夠轉換顧客，尤其剛開始沒有品牌知名度，與網站的初期像素累積時，是最辛苦的。

所以當我們剛進入電商領域，首要工作與觀念是先找尋對產品或品牌有興趣的 TA，無論是用內容吸引，或者是廣告設定興趣去進行投放，都要先找尋一批先願意與網站互動的受眾，吸引他們「進站瀏覽」。

我們前面有提到，網站一定要埋設「FB 像素（Facebook Pixel）」，最主要的原因就是當銷售漏斗的最上方吸引對產品與網站有興趣的人時，就能夠：

『

　　將這些「瀏覽過網站」的人設定為一組受眾，然後進行第二次或者後續的投放。

　　　　　　　　　　　　　　　　　　　　　　　　　　』

有點擊過網站或者瀏覽過內容的人，相對會比尚未接觸過的人更有機會購買，這是銷售漏斗的第二層。

『

　　接著就是想辦法讓第二層的受眾「加入購物車」。

　　　　　　　　　　　　　　　　　　　　　　　　　　』

於是，會開始出現一些人，加入購物車，但未完成結帳。當加入購物車的受眾夠多之後，就可以：

『

　再把「加入購物車」過的受眾做成一個自訂受眾，
　進行廣告投放，往下推進進行結帳或者購買的動
　作。

』

你也可以讓網站設計出這樣的功能：加入購物車未結帳，設定 24
小時後寄發通知信，給予一組優惠碼促使結帳。

這部分也是可以在網站建置之前詢問網站公司是否有此功能。

如何深化電商會員的經營

在訂單完成時，通常系統都會寄送一封確認訂單信件，在信件內
容中，也可以打上一些感性的感謝文，加深顧客對於品牌的認知
與感動。

『

　對於電商經營來說，不只是完成一次性的購買，我
　們更希望顧客成為會員，可以重複購買。

』

我會用 LINE 官方帳號來經營會員，這確實是台灣目前很適合店家的方式。

所以這時候，我會利用「訂單簡訊引導顧客加入 Line 官方帳號」。

這個銷售漏斗環節也是很重要的一環，在顧客確認下單後，可以利用簡訊寄送通知簡訊，引導加入 Line 官方帳號中。

『

這樣的動作會讓Line官方帳號裡面的會員都是「有訂購過的顧客」，可以利用Line官方帳號再行銷，轉換率會比廣告投放高出許多！

』

因為這群顧客都是已購買過顧客，當流量進行到這個階段，就是要想辦法提高「顧客終身價值」，也就是讓他們能夠持續回購，與降低轉換成本這兩個重要指標。

電商經營一定要做 CRM 顧客關係管理

當顧客購買過，就會留下顧客資料，網站的資料搜集功能也很重要，在建置網站之前可以詢問網站公司是否有顧客關係管理系統，可以針對：

◇顧客購買次數

◇購買金額

◇消費頻率

◇消費週期

等等這些資訊進行累積。

當顧客購買過之後，對於產品與品牌就會有一定的認識與信任，如果使用完產品覺得好，那之後的回購成本就會比開發成本低上許多。

「

　所以如何經營老顧客使其不斷的回購，就會是CRM很重要的工作。

」

坊間也有 CRM 的系統管理（我們是使用 ECFIT），CRM 系統最主要的功能是分析顧客的購買行為，透過分析來整理出有價值名單進行日後的再行銷。

因為開發新顧客成本很貴，所以必須將過去有交易過具有高價值的顧客促使他們回購來降低成本。

例如：我們可以利用系統將顧客買過的商品貼上「標籤」，那下次如果有這些商品的行銷活動時，就可以撈出購買過這些商品的顧客，來寄送簡訊或者電子報。

因為他們買過對產品熟悉，如果喜愛商品，就會把握有優惠的時候，這樣就能降低我們轉換一張訂單的成本。

如果平常轉換一張訂單的金額是 500 元，但如果我有 1000 筆名單，發送一次簡訊，以一封 1 元計算，花費金額是 1000 元，轉換率如果有 1%，也就是 10 張訂單，那等於一張訂單的轉換成本是 100 元，就會比開發新客的成本低上許多。

CRM 系統還可以做哪些工作？

例如：如果你的產品使用週期約 2 個月，那就可以設定自動行銷，

可能 2 個月後，寄發通知告訴你的會員可以再次回購。

或者可以針對消費 6 個月以上，沒有再次消費的會員進行比較深的折扣，喚醒他再次消費。

也可以針對累積消費超過 1 萬塊的會員設定為 VIP，打造專屬 VIP 的會員優惠，這些都是 CRM 可以做的方式。

『

電商與傳統餐飲比較不同的是，可以進行更深的資料蒐集並且分析，做顧客分類與打造不同的顧客優惠。

』

這是傳統餐飲比較難做到的，可以利用電商區塊來做。以上這些就是一個流量的工作流程。

如何利用數據指標
來優化電商流程

電商的經營，不是憑直覺，而是科學的數據分析，我們必須了解如何去看數據，如何做判讀，並做出最好的策略選擇。

在電商領域，會有非常多的數據需要判讀，前面篇幅我們介紹了許多該埋設的 FB 像素與 GA 追蹤碼，像素與追蹤碼就是讓我們能夠取得數據，來判斷整個電商流程上有哪些地方是有問題，可以再進行優化的。

這一章就讓我們來談一下數據所代表的意義，如何判讀，與可以優化的方向。

電商分析成效的專有名詞

在了解數據判讀之前，有一些電商專有名詞需要先認識，這也是電商領域專用的溝通術語。

CPM(Cost Per 1000 impression) 每千次曝光成本：

這是一種線上廣告計價方式，每 1000 次曝光多少錢的意思，如果今天下廣告的 CPM 是 50 元，就是平台幫你曝光了 1000 次收費 50 元的意思，這是一個用來了解「曝光成本」的計價方式。

CPC(Cost Per Click) 每次點擊成本：

每一次的連結點擊成本，例如：CPC 5 元就是一個點擊 5 元的意思。

CPA(Cost Per Action) 每次行動（轉換）成本：

這邊的「行動（轉換）」不一定是購買轉換，要看設定的「結果」是什麼，有的模式是需要取得顧客填資料，那每一個顧客填的資料也算是一個「轉換」。

例如：今天投了一個廣告，投了 1000 元得到 5 張訂單，那每張單 CPA 就是 200 元。

Roas(Return on Ad Spend) 廣告投資報酬率：

Roas 是廣告成效評估標準很重要的一個指標，公式：

┌
營收/轉換成本
┘

例如：今天我下了 1000 塊廣告費，獲得 1 萬塊營收，Roas=10000/1000=10

CTR(Click Through Rate) 點擊率

CTR 指標是用來判別「點擊率」，公式：

┌
點擊)次數/廣告曝光量*100%
┘

例如：1000 次的曝光，有 10 個點擊數，10/1000=1%

轉換率

轉換率就是進到網站的流量中有多少完成「轉換動作」。

公式：

『

（轉換動作/網站流量）＊*100*

』

例如：1000 個流量，完成 20 個轉換動作，轉換率＝（20/1000）
*100=2%

以上這些是基本的電商專有名詞，要踏入電商領域，一定要先知
道這些基本的專有名詞，才有辦法進行操作，或與專業的外部團
隊進行合作。

接下來我們要進入說明整個電商流程要注意的事項，還有針對每
項指標該注意的事情與優化方向有哪些了。

電商營業結構圖

這個篇章我們就用電商的營業公式來說明每一個環節該注意的地
方吧！

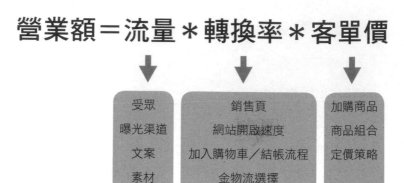

不是有流量就好，思考流量的關鍵

電商要做營業額之前就必須先有流量，但做流量要思考一個重點。

『

最最重要的，是要讓什麼樣的流量進來？

』

流量就代表各式各樣的人，就跟在做一門生意時，一定是要先鎖定我們的 TA 客群到底是誰一樣，我們必須先鎖定比較有可能買單的顧客群是哪一群，尤其越小的電商要越精準，先從精準的客群鎖定出發，再慢慢往外尋找更多潛在顧客。

鎖定客群後，才會從選擇哪些曝光渠道著手，每一個曝光渠道也都需要設定要給怎樣的受眾觀看：

『

相關性越高的受眾，相對對後面的轉換率才會有幫助。

』

如果今天廣告投放給完全不相關的人看，甚至討厭你的人看，那就會影響到後面的轉換率，所以第一關要先確認比較有可能買單的人到底是誰，會在怎樣的管道出現？受眾的設定，會攸關後續無論是選擇流量平台，或是選擇 KOL（網紅）合作的方式。

設計符合受眾的廣告貼文

這是一個廣告貼文的呈現，有：

　◇文案
　◇素材
　◇標題
　◇行動呼籲

這四個區塊。

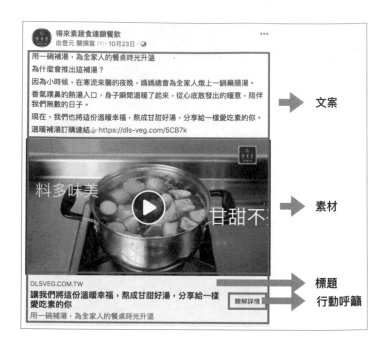

在流量還沒進入網站之前，一則廣告的好與壞取決於：

◇ TA 的設定

◇ 廣告渠道的選擇

◇ 文案的撰寫

◇ 素材吸引人的程度

◇ 素材是否有打中 TA 內心

◇ 標題是否吸引人點入觀看

◇ 行動呼籲按鈕是否會想要點擊

這些都是在流量尚未進入網站前所需要不斷測試與調整的地方。

要觀察以上設定是否引起受眾興趣並點擊，可以觀察指標 CTR（點擊率）來判斷，通常我們在投放廣告，會以一個類型廣告，一次調整一個部分的方式去進行測試，找出較適合 TA 的文案／素材或者標題。

『

廣告投放是一個不斷在變化的動態行為，是需要不斷的去測試，了解TA喜歡的風格類型、溝通方式、文案風格。

』

這些必須要不斷的去調整與測試來了解受眾的喜好。

有時一個素材、文案一開始表現的好，但一段時間 TA 看膩了，表現就會差，這些都是可以透過指標來觀察與調整的地方。

也有的廣告是長青廣告，受眾群夠大，廣告的留言很正面，可以幫助銷售，這樣的廣告長期投放下來口碑累積越多，可能廣告效果越好，這些都會是影響廣告好壞的關鍵要素。

影響顧客轉換率的要素

影響轉換率的好與壞有幾個重要要點。

網站開啟速度：

如果網站開啟太慢，在流量還沒進入網站之前，顧客就會關閉離開。Google 有一個評分工具 PageSpeed Lnsights，這個工具可以針對網站進行評分與優化建議。

如果有需要優化的建議事項，工具中會顯示，這些都是可以與工程師討論優化的項目。

越快的網站開啟速度可以防止流量在還沒進入網站前就跳離。

銷售頁的內容傳達

銷售頁又稱 landingpage，也有人稱「著陸頁」，也就是用來勸敗顧客進行銷售的頁面。

我們的銷售頁目前是委託專業的文案公司進行文案撰寫與設計（推薦：文案的美），初期在銷售頁製作與文案撰寫上，會推薦上林

育聖老師的課程，也可以委託他們製作銷售頁，會對於銷售頁製作上有莫大的幫助。

加入購物車流程

在加入購物車的按鍵設計上是否夠明顯與直覺性，也會影響到轉換效果，針對一些如果不會網站購物的消費者，是不是有其他的方式可以協助他訂購？

像我們有些客人是屬於中高年齡層，不會用網站訂購，所以我們就在手機版下方，電腦版右方設計了一個「幫我訂購」，導入 Line 官方帳號裡利用人工協助顧客結帳。

要去思考顧客在整個流程中可能會發生的問題並提供一些解決方案的選擇，這些都會加強轉換效果。

結帳時的選擇

結帳通常有信用卡付款 / 貨到付款 / 轉帳付款 / 多元支付方案。

目前我們自己的網站，是提供信用卡付款與貨到付款兩種方案，原本有串接 Line pay，但因為內部人員作帳複雜度問題，而暫時先取消。

這也是要考量到的一些需求點，多元的支付方案對消費者可能會越好，轉換效果相對也會比較好。

以上這些都是針對轉換率影響上的一些重要要素，每一個環節都必須不斷的進行優化，才有機會在電商領域做的更好。

如何提升電商的客單價

在電商營業結構中，客單價到底該抓多少是一門學問。

電商跟一般零售不同的是因為是利用宅配，所以一定會有「運費」這項成本，如果顧客購買的少，運費所佔的比重就會高，但免運門檻如果訂的太高，顧客又會覺得要買太多而不願意購買，造成轉換率下降。

所以該怎麼定價就會是一門學問。

這邊有幾個定價策略可以提供給大家參考：

利用加購系統來提升客單價

我們可以先把免運門檻降低，讓顧客比較願意轉換，然後在他們購買一定金額後，讓系統可以跳出「加購選擇」。

加購可能會比一般定價來的低，因為一張單的成本已經在確定購買時攤提，所以加購商品的毛利就會比較算是「多賺的」。

建立商品組合，提升揪團機會

在做商品訂價策略時，單品零售的毛利可以拉高一點，然後去建立一些商品組合或者團購組，讓消費者有更大的意願去揪團團購，這樣一方面可以提升客單價與單筆訂單毛利，也可以達到擴散宣傳效果。

慢慢的就會有一些固定揪團的團購主會出現，生意的基礎就會更加的穩定。

電商經營工作流程總結

最後，做一個整個流量工作流程的總結。

（一）新客流量來源渠道：FB/google/youtube/yahoo/IG

　　◇做流量的第一層關鍵：如何吸引新客點擊。

　　◇從素材與文案著手，不是有流量就好，要是目標 TA 的流量才

有用。

◇所以要先清楚自己的品牌定位與產品定位，內容／素材／文案要給誰看，跟誰溝通。

（二）第二步是內容／素材與文案的思考。

◇TA會被怎樣的內容／素材與文案吸引而進行第一個點擊動作，進站。

（三）進站後接下來是「銷售頁」的工作。

◇進站後會有兩個需要規劃的地方：
　1. 直接勸敗，進行下一步加入購物車
　2. 對產品沒興趣，下一步怎麼留存流量？讓他依然在網站裡面不要直接跳離

◇當下沒興趣不代表真的沒興趣，有可能是痛點還沒打到。

◇如果第一關篩選的好，他確定是你的 TA，那進站而沒有消費一定有卡住的原因。

◇對產品沒興趣的下一步規劃，是否可以利用其他內容或產品進行「引導」。

◇讓他往下一步走，進行「流量留存」的動作，不要直接「跳出」。

（四）有興趣有購買意願，加入購物車但是沒有進行結帳。

◇在這部分有可能消費者當下使用情境未必適合結帳。

◇之後也可能忘記結帳。

◇網站是否有「自動通知」功能？

◇對「有加入購物車」但沒有進行結帳的 TA 進行通知，通知可以給小優惠加強結帳動機。

（五）結帳障礙

◇金流有幾種付款方式也會決定轉換。

　■貨到付款／超商取貨／信用卡刷卡是否有提供。

◇比較有可能放棄結帳的通常是刷卡失敗。

　■那是否有第二種刷卡選項可以選擇也會決定轉換。

◇因為刷卡失敗的 TA 是否有進行另外通知或者協助結帳提高轉換，這也是轉換關鍵。

（六）看過網站但不會網站下單

◇對於看過網站感興趣但不會網站下單的 TA 的機制是什麼？

◇網站是否有客服連結？是否有人工引導結單機制？

（七）完成訂單後的服務

◇完成訂單後通常消費者會關心貨物狀況。

　■是否出貨，有沒有出貨通知，更改出貨流程怎麼做。

◇貨物追蹤碼的連結與訂單資訊查詢功能，有問題找不找的到客服，這會影響消費體驗與下一次回購意願。

（八）各種客訴情境模擬與處理方式 SOP 建制

◇貨物出售後有可能會遇到各式各樣的問題。

■破包 / 缺件 / 對商品不滿意。

◇是否有針對各種情境進行處理模式建制與管理也是消費體驗
　關鍵。

（九）消費後的資料分析

◇顧客消費後多久會進行回購。

◇消費金額多少。

◇消費次數多少。

◇顧客分級制度建制與消費分析。

◇當消費後顧客對產品與品牌已經有近一步認識，如何提高終
　身價值。

◇降低轉換成本是 CRM 很重要的工作。

◇是否有自動行銷功能與機制建立。

　　■沈睡顧客如何喚醒？

　　■沈睡原因如何？

　　■已加入會員但未消費會員刺激，消費週期到的自動通知。

　　■消費喜好標籤設定管理。

　　■消費者接收資訊渠道管理。

這是一個流量（消費者）的垂直工作流程，分享給大家，做為一
個總結。

以上這些就是從餐飲，到食品電商該注意到的一些環節，也是我
們在轉型路上的經驗，希望對大家能有所幫助。

【BizPro】2AB536X

成功開店計畫書（增訂版）：

小資本也OK！從市場分析、店面經營、行銷規劃，你要做的是這23件事

作　　者／關登元
責任編輯／黃鐘毅
版面構成／劉依婷
封面設計／走路花工作室
行銷企劃／辛政遠、楊惠潔

總 編 輯／姚蜀芸
副 社 長／黃錫鉉
總 經 理／吳濱伶
發 行 人／何飛鵬
出　　版／電腦人文化
發　　行／城邦文化事業股份有限公司
　　　　　歡迎光臨城邦讀書花園
　　　　　網址：www.cite.com.tw
香港發行所／城邦（香港）出版集團有限公司
　　　　　香港九龍九龍城土瓜灣道 86 號順聯
　　　　　工業大廈 6 樓 A 室
　　　　　電話：(852) 25086231
　　　　　傳真：(852) 25789337
　　　　　E-mail：hkcite@biznetvigator.com
馬新發行所／城邦（馬新）出版集團
　　　　　【Cite(M)Sdn Bhd】
　　　　　41,jalan Radin Anum,
　　　　　Bandar Baru Sri Petaling,
　　　　　57000 Kuala Lumpur,Malaysia.
　　　　　電話：(603) 90578822
　　　　　傳真：(603) 90576622
　　　　　E-mail:cite@cite.com.my

印　　刷／凱林彩印股份有限公司
2024 (民113) 年 7 月　初版15刷　Printed in Taiwan.
定價／380元

●如何與我們聯絡：
1.若您需要劃撥購書，請利用以下郵撥帳號：
　郵撥帳號：19863813　戶名：書虫股份有限公司
2.若書籍外觀有破損、缺頁、裝訂錯誤等不完整現
　象，想要換書、退書，或您有大量購書的需求服
　務，都請與客服中心聯繫。
　客戶服務中心
　地址：115 台北市南港區昆陽街 16 號 5 樓
　服務電話：（02）2500-7718、（02）2500-7719
　服務時間：週一 ～ 週五9：30～18：00
　24小時傳真專線：（02）2500-1990～3
　E-mail：service@readingclub.com.tw

※詢問書籍問題前，請註明您所購買的書名及書
　號，以及在哪一頁有問題，以便我們能加快處理
　速度為您服務。

※我們的回答範圍，恕僅限書籍本身問題及內容撰
　寫不清楚的地方，關於軟體、硬體本身的問題及
　衍生的操作狀況，請向原廠商洽詢處理。

※廠商合作、作者投稿、讀者意見回饋，請至：
　FB粉絲團：http://www.facebook.com/InnoFair
　Email信箱：ifbook@hmg.com.tw

國家圖書館出版品預行編目資料

成功開店計畫書（增訂版）：小資本也OK！從市
場分析、店面經營、行銷規劃，你要做的是這23
件事 / 關登元 著.
--初版--臺北市；電腦人文化出版；
城邦文化發行，民109.2
　面；　公分
ISBN　978-986-199-475-8（平裝）
1.餐飲業 2.創業 3.商店管理
483.8　　　　　　　　　　　　106003319